无公害蔬菜病虫害防治实战丛书

草莓疑难杂症图片对照诊断与处方

第2版

潘阳　孙茜　主编

U0395213

中国农业出版社
北京

图书在版编目（CIP）数据

草莓疑难杂症图片对照诊断与处方／潘阳，孙茜主编．—2版．—北京：中国农业出版社，2019.1
（无公害蔬菜病虫害防治实战丛书）
ISBN 978-7-109-24816-8

Ⅰ．①草…　Ⅱ．①潘…②孙…　Ⅲ．①草莓—病虫害防治　Ⅳ．①S436.68

中国版本图书馆CIP数据核字（2018）第245904号

中国农业出版社出版
（北京市朝阳区麦子店街18号楼）
（邮政编码 100125）
责任编辑　张洪光　阎莎莎
————————
北京通州皇家印刷厂印刷　　新华书店北京发行所发行
2019年1月第2版　　2019年1月北京第1次印刷
————————
开本：880mm×1230mm　1/32　　印张：3.75
字数：105千字
定价：26.00元
（凡本版图书出现印刷、装订错误，请向出版社发行部调换）

编 著 者

主　编　潘　阳　孙　茜

副主编　张尚卿　张家齐

　　　　谢壮锋　袁文龙

　　　　俞凤娟　柳春红

　　　　孙祥瑞

参　编（以姓氏笔画为序）

　　　　丁维真　马广源

　　　　马门宗　王吉强

　　　　刘红英　刘秀英

　　　　李　向　李耀发

　　　　汪　洋　张建峰

　　　　张振峰　范仲舒

　　　　岳艳丽　赵志安

　　　　袁立兵　袁章虎

　　　　夏艳辉　夏耀民

　　　　营金凤　蒋学勤

第1版编写人员

主　编　孙　茜　李红霞

副主编　潘文亮　袁章虎　张　梁　杨　峰
　　　　纪世东

参　编（以姓氏笔画为序）
　　　　孔晓春　刘玉芹　李　鹏　李术臣
　　　　李丽娟　李铁权　李海燕　宋国龙
　　　　宋建新　张凤国　张艳华　陈海明
　　　　周长兵　郄东祥　席建英　雷　曼
　　　　路正来　路海英　戴东权

再版序言

　　"无公害蔬菜病虫害防治实战丛书"自2005年出版以来，得到了河北省乃至全国广大菜农和技术人员的广泛关注和喜爱，为正确诊断蔬菜病虫害、科学准确使用农药和推进蔬菜产业健康快速发展发挥了十分重要的作用。

　　目前，蔬菜产品的质量安全是社会和消费者关注的热点之一，蔬菜病虫害防控与正确应用高效低毒农药是保证蔬菜产品质量安全的关键环节。多年以来，孙茜研究员长期深入蔬菜生产基地，融入广大菜农中间，共同深入研究探讨，反复多次试验示范，并从生产实践中整理总结出了非常宝贵的新经验、新点子、新方法、大处方、小处方、防治历等多种好技术，应用效果好，实用性非常强，是解决蔬菜生产中病虫害技术问题的"神方妙法"，是解决蔬菜生长异常难题的"灵丹妙药"。

　　"无公害蔬菜病虫害防治实战丛书"的修订再版，又融入了许多新的内容、新的技术、新的方法和新的农药品种。该书的特点是文字简洁凝练，内涵丰富，图文并茂，白话叙述，一看就懂，简单易学，是菜农和技术人员离不开手的技术工具。该书的再版，必将为蔬菜产品质量安全水平提升、蔬菜产业提质增效发挥更大的技术指导作用。

河北省蔬菜产业发展局调研员

农业部蔬菜专家技术指导组成员　王振庄

中国蔬菜协会副会长

2015年7月

前　言

　　蔬菜在人们的生活中占有非常重要的地位，蔬菜产业也已经是中国农民重要的致富产业。"无公害蔬菜病虫害防治实战丛书"作为无公害蔬菜生产的指导用书，自2005年出版发行后，受到广大菜农和一线技术人员的好评，得到了菜农的广泛认可和实践验证，他们纷纷来电来信通报按照该书防治大处方操作后取得的丰收喜讯。在我身边有遍布全国的菜农粉丝和新技术的示范农户。这套丛书也已经印刷了数次，发行近80余万册。并得到了同行专家的肯定，2008年获得了"中华农业科技奖科普图书奖"、2009年获得河北省优秀科普资源二等奖。源源不断的菜农朋友们的喜讯和荣誉，让我作为一个科技推广人员多了一份忐忑，更感到自身的责任和义务。

　　随着设施蔬菜种植面积的迅速扩大和经济效益的逐年增长，以及无公害或绿色蔬菜生产的需要，蔬菜生产一线各种问题也在增多，设施蔬菜的连茬、重茬种植以及农药和化肥施用的不规范，仍然是蔬菜生产中的突出问题。种植模式多种多样致使病害种类繁多、发生情况更加复杂。当前，蔬菜安全生产和绿色农业战略是我国农业和蔬菜产业发展的总趋势。在责任编辑的邀约下，我把近期与菜农共同示范完成的"绿色蔬菜病虫害保健性防控新技术"编入修订书稿中，把近期生产实践中获得的新经验、新点子、新方法、小处方收集整理编入修订书稿中，把农药新品种、改良土壤连茬障碍和盐渍化新配方、近期发生的新病害救治技术等内容编入修订书稿中，同时保持第1版技术简便、易学、好操作的风格。这套丛书仍然是以绿色农业和生产无公害蔬菜为宗旨，以保障菜农丰产丰收为目标，从目前职业菜农种植实战需求出发，对不易诊断的病害问题，对非典型和疑似病害进行辨别、分析，提出解决问题的办法，给出救治方案。

在丛书修订再版之际，衷心感谢河北科技菜农俱乐部的科技菜农团队给予的病虫害绿色防控技术方案的示范验证，感谢他们的生产一线工作经验和体会的分享。感谢在试验示范中提供蔬菜种子、农药的企业单位。有了这些丰富的田间一线的工作经验和体会，才有了更贴近生产一线的符合当前蔬菜安全生产和农药减量控害要求的实际操作技术。企盼这套丛书成为菜农朋友、蔬菜园区技术人员实用的致富工具。

孙 茜

2015年7月

目　录

无公害蔬菜病虫害防治实战丛书

目录

写在前面的话

随着设施草莓种植面积的快速发展和种植模式多样化，设施草莓的连作、重茬以及设施环境条件的变化，致使病虫害多发、症状复杂，加之农药、化肥使用不规范，使得莓农的致富愿望与现实相悖。草莓新品种改善了口感，设施和设备先进了，施肥水平上去了，但是草莓病虫害防治水平仍较低下。有些莓农早期预防舍不得用好药，发病了拼命用昂贵的农药、频繁喷药、重复用药、大量混合用药，哪里还谈得上草莓的口味和安全性，如图1。草莓生产中的主要问题如下：

图1　药渍斑斑的草莓叶片和果实

1.一些莓农的栽培及病虫害防治理念仍停留在传统的露地、小拱棚生产方式的状态上。老莓农凭老经验，不按照农药的药理药性施药，随意缩短安全间隔期，随意加大用药量和盲目混用农药，如图2。使得草莓长期生长在"治病"也"致命"的环境里，如图3。特别在设施草莓区域，草莓价格越高，莓农保秧护果意识越强，唯恐草莓得病。

一旦发现有病叶就拼命喷药，有时仅仅是一种病害发生，也要多加几种防治其他病害的药剂一起喷，使得植株生长受到抑制，果实畸形，如图4。

图2　随意混配农药

图3　喷药造成草莓叶片灼伤

图4　大剂量用药造成的僵果和畸形果

2.注重防病而忽略了草莓生长的安全性。劣质农药、假农药或硫黄类混配农药对草莓的刺激性和危害性极大，如图5。随着田园综合体的发展，设施、智能草莓园的数量增多。这对草莓管理及病虫害防控提出了更高的要求，也给不规范的农资经销商兜售假劣农药以可乘之机。他们为一己之利，忽悠莓农多用农药、混用农药，农药中混用多种化肥，造成草莓落花和产生畸形果，药害、肥害现象普遍发生，如图6、图7。

图5 农药混用增效剂有机硅后造成草莓叶片灼伤

图6 多种农药混用后造成的落花和畸形果

图7 农药、化肥混用造成草莓叶片枯干

3.病害大发生时无公害草莓生产标准难以落实。就草莓病害预防来说，莓农对于无公害生产要求一般还能遵守，在流行性病害大发生时，无公害防治就仅仅剩下一个概念。急于控制病害的心情和执行无公害生产标准用药的约束相矛盾，草莓生产允许的农药残留标准以及生产无公害草莓的要求难以实现。

4.缺素症、肥害、病毒病混为一谈——滥用药。莓农特别是新的草莓种植者缺乏病虫害识别的基本知识，不能正确选择和使用农药。如图8所示的土壤盐渍化造成的缺钙叶片叶缘褐色枯干常常被误认为是病害并会施用大量农药防治。 这不仅浪费了农药，还污染了环境，影响莓果质量安全。

图8　土壤盐渍化造成的缺钙叶片叶缘褐色枯干

正是由于上述这些问题使得草莓病、虫、草、药、盐害发生日益严重，尤其是设施栽培的草莓。随着季节栽培的传统模式被打破，反季节栽培草莓面积增长迅速，使得各种病害的症状因季节差异、气候差异和用药混乱而不典型，以致难以辨认。我们在生产实践中，对莓农进行病虫害防控咨询、指导、培训中，直接面对上述问题，经历了从单一病害的识别、农业措施防治及农药补救的较专业化的辅导，到将复杂的病、虫、草、药、寒、盐、冻、涝害等症状加以识别的普及化并将植保技术简单化、系列化、方案化（处方化）的指导历程。总结我们的经验和归纳相关知识后，再用农民的语言辅助农民，取得良好的效果。为了把莓农从混乱用药和高成本的怪圈中解救出来，达到低残留、无污染生产绿色草莓的目的，我们修订了《草莓疑难杂症图片对照诊断与处方》，愿这本新编图书的出版能为莓农、农业综合体园区生产者提供病虫害防治技能上的帮助。图9为我们提供的绿色技术方案大处方指导下的草莓种植景象。

图9　绿色技术方案大处方指导下的草莓种植景象

无公害蔬菜病虫害防治实战丛书

一、草莓生长异常的诊断

（一）田间病虫害诊断应考虑的因素

草莓病虫害田间诊断是农业综合技能的体现。科研与技术推广人员的诊断区别在于前者可以取样返回实验室培养、分离镜检后再下结论。它的准确率高，防治方案针对性强，但速度慢，与生产上要求的"急诊"不相适应。技术推广人员的田间诊断则不一样，必须在第一时间内初步判断症状的因由，并即刻给出初步的救治方案，然后再根据实验室分析鉴定修正防治方案。因此，田间判断病、虫、药、肥、寒、热害等，应在以往田间经验基础上，遵循以下程序和参考以下因素。

1.**观察**：观察应从局部到整体，应观察发病植株在棚室或田间所处的位置，以及栽培方式、栽培习惯、相邻作物种类等。看一个棚室或一块田地，可能看到一种症状、一种现象，观察几个乃至十几个棚室或更广大的田间则可能发现一种规律。

2.**了解**：向种植户了解：①土壤环境状态，包括土壤营养状况、施肥情况、盐渍化程度，如图10为重度盐渍化土壤的草莓棚室，图11盐渍化土壤上生长的草莓；②莓农的栽培史，是否连茬、连茬年数、上茬作物种类等；③农药使用情况，包括除草剂、植物生长调节剂使用情况，使用农药的剂量，农药存放地点等；④种植的品种以及品种特

图10　草莓棚室土壤重度盐渍化

图11　盐渍化土壤上生长的草莓黄化叶

征，比如耐寒性、耐热性、对农药和环境的敏感性等，看其是否适合当地的季节（气候）特点及土壤性状。

随着草莓种植面积的扩大，各种特色草莓品种引进增多，图12为新品种桃勋。新品种的抗高温性、耐热性及耐寒性不尽相同。如环境条件不适则会产生生长异常。因此，我们必须了解新品种特性，作为判断依据。

图12　草莓新贵——桃勋

3.收集：收集莓农的废弃农药包装物，可从中了解莓农使用农药种类、使用农药史、使用农药习惯。有些莓农出于预防病害的目的将3～4种农药混于一桶水（一喷雾器）中，将杀菌剂2～3种、杀虫剂、植物生长调节剂等农药混用，假、劣农药充斥其中，三五天喷一次，导致草莓生长异常。图13为收集的废弃农药袋子作为诊断依据。

图13　收集废弃农药袋作为诊断依据

图14　不规范的混冲施肥

4.求证：为追求高产，人们往往是有机肥不足化肥补。生产中常有将未腐熟的鸡粪、牲畜粪直接施到田间的现象，造成粪肥产生有害气体而熏蒸危害作物。施用冲施肥不是均匀撒在垄中，而是在入水口随水冲进畦里，如图14，导致熏蒸或烧灼、黄化现象普遍发生。

5.咨询：经过上述观察、了解、收集、求证后，还要咨询所在区域季节气候，包括温度、湿度、自然灾害的气象记录，这对植物生长异常诊断很有必要。突发性的病症与气候可能有直接的关系，如下雪（图15）、大雾、连阴天、多雨、霜冻及水淹等。在诊断时应该充分考虑到近期的天气变化和自然灾害。

图15　突降大雪危及草莓棚室

6.排查：在诊断草莓生长异常时，人为破坏也是应考虑的因素，如图16。现实生活中会因各种利益冲突而诱发人为破坏的现象，有的喷施植物生长调节剂甚至除草剂损坏他人的莓田。因此，应调查村情民意，排查人为破坏也应为诊断的必要步骤。

图16　喷施大量增效剂造成草莓叶片干枯

7.验证：在初步确定为侵染性病害后，应采摘病害标本带回实验室或请有条件的单位进行分离、鉴定，确定病原种类，进一步验证田间作出的判断。

（二）田间诊断应涉及的内容

在生产中，草莓发生生长异常现象时不同专业背景的人会有不同的判断或救治方法。有时受学科限制会对异常现象给予单一的解释，实际上可能是多种因素综合作用的结果。在自然条件下，栽培方式、种植管理、防治病虫害用药手段、天气、肥料的施用等各种因素综合作用的复杂环境里，诊断草莓生长异常应涉及如下内容，诊断中可以逐步排除。

首先应判断是病害还是虫害，或是生理性病害。

（1）由病原生物侵染引起的植物正常生长和发育受到干扰破坏所表现的病态，常有发病中心，由点到面 ……………………病害

①草莓遭到病原侵染，植株感病部位生有霉状物、菌丝体并产生病斑………………………………………………………真菌病害

②草莓感病后组织解体腐烂、溢出菌脓并伴有臭味 ……细菌病害

③草莓感病后引起畸形、丛簇、矮化、花叶皱缩等症并有传染扩散现象………………………………………………………病毒病害

④草莓生长衰弱，显示营养不良。叶片、茎秆上无病原物。拔出根系，根部长有瘤状物………………………………………线虫病害

（2）害虫如蚜虫、棉铃虫等刺吸、啃食、咀嚼引起的草莓非正常生长和伤害，无病原物，有虫体可见……………………………虫害

（3）受不良生长环境限制如天气以及受种植习惯、管理不当等因素影响，草莓局部或整株或成片发生的异常现象，无虫体、病原物可见……………………………………………………………生理性病害

①因过量施用农药或误施及农药飘移、残留等因素造成草莓生长异常、枯死现象………………………………………………药害

a.因施用含有对草莓花、果实有刺激作用的杀菌剂造成的落花落果，以及过量施药所导致植株及叶片畸形现象………………杀菌剂药害

b.因过量施用杀虫剂或多种杀虫剂混配喷施所产生的烧叶、白斑等现象………………………………………………… 杀虫剂药害

c.超量或错误使用除草剂造成土壤残留，下茬受害产生黄化、抑制生长等现象，以及喷施除草剂飘移造成近邻植株受害畸形现象………………………………………………………………………除草剂药害

d.使用植物生长调节剂时，因气温高或用药浓度过高、过量或喷施不适当造成植株畸形、果实畸形、裂果、僵化叶等现象………………………………………………………………植物生长调节剂药害

②因偏施化肥，造成土壤盐渍化或缺素，导致植株烧灼、枯萎、黄叶等现象………………………………………………………肥害

a.施肥不足，脱肥，或过量施入单一肥料造成某些元素被固定，植株长势弱或褪绿、黄化、果实着色不良或畸形现象…………缺素症

b.过量施入某种化肥或微肥，或环境污染造成的某种元素过多，植株营养生长过盛，叶色过深或颜色异常，果实生长异常，或植株生

二、草莓病害典型与非典型、疑似症状的诊断与救治

许多莓农告诉我们，在种植过程中发生的病害症状并不是很典型，待症状典型了，救治已经非常被动了，损失在所难免。他们往往在发病初期的病症甄别上举棋不定，用药上就会许多药掺和在一起喷，以求多效广防保住苗秧，但常常是事与愿违，花钱多效果差。如果掌握识别病症的技巧，正确辨别病害种类，就会变被动的盲目防治为主动有针对性的治疗。这样，既争取了时间，又节省了成本。下面介绍草莓主要病害的典型、非典型及疑似病症的诊断与救治方法。

灰 霉 病

【典型症状】灰霉病是北方或冷凉地区促成式栽培草莓的主要病害，南方冬季露地多发生在冬春多雨季节，主要为害花、果实和叶片。感染灰霉病的草莓叶片，初感期病菌先从叶片边缘侵染，呈小型的V形病斑，如图17，病斑逐渐向叶片深度扩展，形成轮纹状的大型V形病斑，如图18，叶表有浅灰色霉层，如图19。病菌从开花后的雌花花瓣侵入，

图17 初期感染灰霉病的草莓叶片

图18 呈大V形病斑的灰霉病叶片

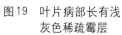

图19 叶片病部长有浅
灰色稀疏霉层

首先感病花柄变色呈浅褐色，如图20，同时感染花萼（图21）、花瓣，导致花瓣腐烂，果蒂顶端开始发病，雌蕊、花药变黑，如图22，果蒂感病向内扩展，致使感病幼莓呈灰白色软腐，如图23。感病后期叶柄、叶

图20 感染灰霉病逐渐褐变的果柄

图21 病菌感染后褐变的花萼

图22 感染灰霉病的花絮

图23 感病幼莓

片、果实均软腐（图24）、干枯褐变（图25）、腐烂，并大量长出灰色霉层如图26，重度暴发灰霉病（图27）棚室会减产1/2或更多。

图24 软腐的莓果

图25 干枯并长有霉层的叶柄

三、草莓病害典型与非典型、疑似症状的诊断与救治实战丛书 无公害蔬菜病虫害防治实战丛书

图26　长有厚密灰霉的病果

图27　灰霉病田间为害状

【非典型症状】诊断灰霉病，主要看其Ｖ形病斑。但是在生产实际中，有些感病叶片虽然也是从叶缘开始染病，并不呈现Ｖ形斑，而是形成轮纹状的外轮纹紫色、中心浅褐色的大型不规则的病斑，如图28。看似叶枯病，细致观察会发现草莓叶片一旦发病，叶缘长出稀疏灰色霉状物。有的病斑从叶缘开始大片呈不规则蔓延，如图29。随着病斑扩大，并伴随长出霉状物。可诊断为灰霉病，应及时按灰霉病进行救治。

图28　轮纹状的非典型不规则灰霉病　　图29　非典型不规则蔓延感染灰霉病
　　　斑叶片　　　　　　　　　　　　　　　　的叶片

【疑似症状】案例1：感病叶片病斑从叶缘开始，但病斑晕圈粗重呈深紫色，病斑中心点面积较小，黄褐色，如图30。虽然病斑从叶缘开始，且有轮纹，但从病斑颜色、形状、中心星点状观察，且无霉状物出现，应该是叶枯病。

图30　疑似灰霉病的叶枯病叶片

案例2：异常叶片也是从叶缘开始有褐色枯斑向内蔓延，如图31，每个叶片均有褐色枯斑，但没有霉状物，查看发生地块，此症发生普遍，应该与土壤盐渍化造成钙、镁吸收障碍有关。

图31　疑似灰霉病的土壤盐渍化导致的缺钙枯干叶片

【发病原因】灰霉病菌以菌核或菌丝体、分生孢子在土壤内及病残体上越冬。病原菌属于弱寄生菌，从伤口、衰老的器官和花器侵入。柱头是容易感病的部位，致使果实感病软腐。花期是灰霉病侵染高峰期。病菌借气流、浇水传播和农事操作传带进行再侵染。适宜发病气温为22～25℃，湿度90%以上，即低温、高湿、弱光有利于发病。大水漫灌又遇连阴天是诱发灰霉病的最主要因素。地势低洼积水、平畦卧栽、密度过大、通风不及时、生长衰弱均利于灰霉病的发生和扩散。

【救治方法】

生态防治：选用抗灰霉病的品种，如红颜、甜查理、妙香等。采用高畦覆地膜栽培模式（图32）、滴灌（图33）或地膜下渗浇小水（图34），节水控湿。加强通风透光，尤其是阴天除要注意保温外，应严格控制灌水量。早春将上午放风改为清晨短时放湿气，清晨尽可能早放风，尽快进行湿度置换，尽快降湿提温有利于草莓生长。及时清理病残体。摘除病果时要单独作业，将病果放进袋中，一起带出棚外并洗手，尽量不要用采摘病果后的手再去进行其他农事操作。摘除的病残体应集中烧毁和深埋。氮、磷、钾均衡施用。育苗时苗床土注意消毒及药剂处理。合理密植、高垄栽培、控制湿度是关键。

图32 高畦栽培的草莓种植模式

图33 滴灌栽培草莓模式

图34 膜下渗浇小水的草莓种植模式

药剂防治：因草莓灰霉病是花期侵染，常有莓农在幼花期重点喷施农药来防控。这对早期防控灰霉病非常重要。但是草莓的果实会沾有许多药剂，对于直接食用会有残留风险。近几年，我们在绿色防控根施用药技术集成示范推广中采用保健性整体根施防控方案，即草莓一生病害防治大处方进行防控（见第七部分）取得了非常好的效果。

（1）推荐方案

①秧苗移栽前：25%嘧菌酯悬浮剂10毫升+6.25%精甲霜灵·咯菌腈悬浮剂20毫升+56%螯合氨基酸根（阿速勃根）20毫升对水16升喷淋或淋浇阳畦，3天后可以移栽下地。

②定植田的药剂处理：每667米²用10亿个孢子/克枯草芽孢杆菌可湿性粉剂1千克对做好的垄沟进行定植沟撒药土处理。

③定植后1周左右开始进行根施用药防控。每667米²用25%嘧菌酯悬浮剂50毫升+6.25%精甲霜灵·咯菌腈悬浮剂100毫升+56%螯合氨基酸沃土（阿速勃沃土）500毫升滴灌或淋根（此步主要防控移栽后导致死秧的病害）。

④完成上述防控措施后的20～30天，每667米²选用25%嘧菌酯悬浮剂150毫升+56%螯合氨基酸根500毫升滴灌或淋根（此步主要防控草莓花期灰霉病、白粉病）。

⑤完成上述4步操作后的20天进行下述防控操作。每667米²选用42.4%氟唑菌酰胺·吡唑醚菌酯悬浮剂120毫升+55%氨基酸硅（途保康）100毫升滴灌或淋根（此步目标是草莓结果期白粉病、灰霉病的深度防控，保障转色草莓果实的干净和植株健康）。

针对易感灰霉病的品种如丰香，可以选50%嘧菌环胺水分散粒剂1 200倍液，或50%啶酰菌胺可湿性粉剂1 000倍液开花前喷1次，开花后喷2次。

（2）常规方法。针对灰霉病的预防和防治，早期采用50%啶酰菌胺可湿性粉剂1 000倍液在花期进行重点喷雾，也可采用25%嘧菌酯悬浮剂1 500倍液+50%咯菌腈可湿性粉剂5 000倍液喷施，或62%嘧菌环胺·咯菌腈（赛德福）水分散粒剂3 000倍液，或50%多霉清可湿性粉剂800倍液等喷雾，或50%嘧菌环胺水分散粒剂1 200倍液、40%嘧霉胺悬浮剂1 200倍液叶面喷施，建议采用喷淋方式，可以封杀地面上的灰霉病菌。重度发病时，首先摘除病果和感病花枝，对所有植株和茎蔓喷施50%嘧菌环胺1 200倍液，或40%嘧霉胺1 200倍液，可以与50%啶酰菌胺可湿性粉剂1 000倍液轮换使用。

白 粉 病

【典型症状】白粉病是草莓上非常重要的病害之一。在较干旱地区或高温高湿环境下和粗放管理的田间时常发生。草莓全生育期均可感染白粉病。主要感染部位是叶片和果实。发病初期，在叶背面长有稀疏白色霉层，如图35，逐渐叶面霉层变厚形成浓密的白色圆斑，如图36。

图35 感染白粉病初期的草莓叶片

图36 感染白粉病中后期叶片霉层厚密

发病重时叶部病斑连片，并感染叶柄和枝蔓，如图37、图38。果实感病，在果面附着一层白色粉状物或产生大小不均的白色粉斑，如图39。花器感染，从雄蕊花粉管开始变褐，如图40，植株和成熟果实均被白色霉层覆盖，如图41，果实失去商品价值。

图37　重感染时叶柄上的霉状物

图38　重感染时枝蔓上的霉状物

图39　感染白粉病的草莓果实

图40　重感染白粉病致使草莓雄蕊花粉管变褐

图41　严重感染白粉病的果实、枝叶

【非典型症状】白粉病的典型症状是圆形点状斑，但是随着促成、半促成栽培模式的增多和不同区域温度和湿度以及环境差异较大，症状表现也不典型。如在寒冷弱光环境下发病叶片是片状斑，如图42，感病果实则表现软腐型，局部长有霉菌，如图43，高湿环境下转色期果实染病病菌黏着在水烂的果实上，如图44。

图42 湿度大的环境下感染白粉病的叶片

图43 弱光寒冷天气下感染白粉病的果实

图44 高湿条件下转色期果实染病，病菌黏着在水烂的果实上

【疑似症状】果实表面长有霉状物，因其霉状物颜色较浅，诊断为白粉病或为灰霉病难以定论，如图45。区别白粉病与灰霉病的重要特征是观察果实的软化程度，灰霉病病果比白粉病的腐烂软化的要快并长有稀疏霉层。

生产中也有果实局部褪色白化的如图46，非常像高湿环境下感染白粉病的软化褪色，仔细查看白化果实仅此一个和所在棚室部位为棚膜滴水处，判断为白化与寒冷天气下棚膜滴水冻伤有关。

图45 疑似白粉病的草莓灰霉病病果　　图46 疑似白粉病的棚膜滴水冻伤草莓果

生产中也有些叶片表面因喷施大量农药粉剂而附有一层白粉，如图47，或附着药粉及杂菌，如图48。查看田间植株，叶片上并没有白色霉状物，粉层冲洗后叶片光亮，没有病斑痕迹。判断为大剂量药剂喷施沉积于叶片表面所致。

图47 疑似白粉病的附着药粉的叶片　　图48 疑似白粉病的附着药粉及杂菌的叶片

【发病原因】病菌以闭囊壳随病残体在土壤中越冬。越冬栽培的棚室病菌可在室内作物上越冬；南方露地栽培，草莓以菌丝、分生孢子在寄主上越冬、越夏。发病最适宜温度为15～25℃，低于30℃，高于30℃均不发病。北方设施栽培，发病高峰期为10月下旬至12月中旬，翌年2月气候渐暖至5月拉秧也是白粉病的高发期。病菌借种苗携带远距离传播，棚室内借气流、雨水和浇灌传播。温暖、潮湿与干燥无常的种植环境，阴雨天气及密植、窝风条件下易发病和流行。大水漫灌，湿度大，肥力不足，植株生长后期衰弱发病严重。

【救治方法】

生态防治：（1）选用无菌健康种苗，从源头上拒绝和控制白粉病的传播。选择新近培育或引进的较抗白粉病的优良品种。如章姬、甜查理、妙香系列、黔莓系列、竞香、日本19、大赛等。

（2）增施有机肥、生物菌肥和腐植酸肥，加强田间管理，合理密植，全程铺地膜栽培，降低田间湿度，增强通风透光。

（3）收获后及时清除病残体，并进行高温闷棚、土壤消毒，如及时进行硫黄熏蒸灭菌和地表药剂处理。

药剂防治：建议采用草莓一生病虫害防治大处方进行整体预防，在整个生育期内按步骤主动进行防控。尤其是早期根施嘧菌酯，对整个生育期的白粉病防控都会非常主动。

（1）"四灌三喷"法：具体操作步骤和方法见草莓一生病虫害防治大处方。

（2）熏蒸防控法：在早期根施用药防控白粉病的基础上，结果期可以采用硫黄熏蒸方式防控白粉病，如图49。硫黄熏蒸罐的吊挂密度为每4～5延长米放置1个，距离草莓秧苗的高度是40～50厘米，如图50。

图49 草莓棚中吊挂硫黄烟雾罐（示密度）　图50 草莓棚中吊挂硫黄熏蒸罐（示高度）

（3）喷药防控法：可选用的药剂及用量为32.5%吡唑萘菌胺·嘧菌酯悬浮剂1 500倍液，或56%百菌清·嘧菌酯悬浮剂800倍液，或32.5%苯醚甲环唑·嘧菌酯悬浮剂1 000倍液，或42.4%氟吡菌酰胺·肟菌酯悬浮剂1 500倍液，或42.2%氟唑菌酰胺·吡唑醚菌酯悬浮剂2 000倍液，或10%苯醚甲环唑水分散粒剂800倍液，或25%嘧菌酯悬浮剂1 500倍液；中后期重度染病时喷施30%嘧菌酯·丙环唑3 000倍液，或30%苯醚甲环唑·丙环唑悬浮剂3 000倍液。

炭 疽 病

【典型症状】草莓炭疽病也叫轮斑病、叶枯病，多发生在育苗的夏秋季。主要为害叶片，重度发生时会感染叶柄。叶片感病，先从叶缘开始侵染。感病初期形成紫褐色小斑点，继而向叶基部扩展成典型褐色轮纹状病斑，如图51；重度发展形成大小不一圆形病斑，如图52；在高

图51　炭疽病褐色轮纹状斑

图52　病叶上扩展的大小不一的圆形病斑

图53　高湿环境下叶缘病斑扩展延伸成大V形

湿环境下病斑扩展延伸成大Ⅴ形，如图53。病斑逐渐变深褐色，可见轮纹，如图54，干旱环境下可见轮纹病斑有穿孔现象，如图55。幼叶感

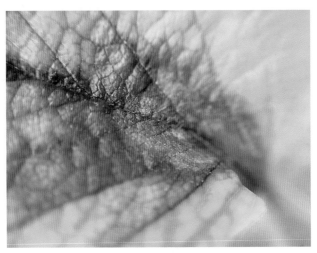

图54　叶片病斑颜色变深可见轮纹

图55　干旱环境下病斑穿孔的病叶

图56　幼叶感病先从叶尖开始向纵深发展

病，从叶尖开始，沿着主脉向纵深发展，如图56，先呈深红色逐渐加深至黑褐色枯斑，干燥环境下有穿孔。发病重时感染叶柄，初期叶柄紫红色，渐变黑褐色逐渐干枯，如图57。果实感病病部产生黑褐色凹陷斑，如图58。发病后期，病斑会占叶片面积的1/3～1/2。重度感染炭疽病的育苗畦叶片干枯卷曲，植株成片死亡，如图59。

图57 叶柄染病呈紫红色

图58 果实感病病部产生黑褐色凹陷斑

图59 重度感病后期田间大面积叶片干枯卷曲

【疑似症状】感病叶片病斑为圆形或近圆形，病斑边缘红褐色，与炭疽病感病初期叶片症状相似，如图60。但仔细观察病斑边缘清晰，中心斑点是浅褐色，这是在高湿昼夜温差大的环境下发生的褐斑病。它与炭疽病不同的是，病斑具有典型的中心褐色圆形斑点，晕圈黑褐色明显。

草莓生产中还有一种症状，如图61，有红褐色晕圈和浅褐色中心斑点，斑点清晰，这是草莓蛇眼病病叶，与炭疽病连片病斑有所区别。

图60 疑似炭疽病的高湿弱光环境下产生的褐斑病叶片

图61 疑似炭疽病的高湿高温环境下产生的蛇眼病叶片

草莓生产中有时发生幼叶叶缘大范围的褐色干枯，如图62，逐渐向叶基部发展，但是此症为成片发生，田间查看并追问施肥以及比例情况，判断为氮肥施用过剩而产生的烧灼症状。

【发病原因】炭疽病菌以菌丝和分生孢子在病残体上越冬。翌年产生分生孢子借气流、风雨或雨水反溅、浇灌等农事操作传播。病菌从气孔侵入，发病适温为22～26℃，湿度接近饱和、多雨季节发病重。未腐熟的有机肥或旧苗床、种植密度大、氮肥过量、田间积水易发病、易流行。

图62 疑似炭疽病的氮肥过剩的烧灼枯叶

【救治方法】

生态防治：（1）选用抗病品种，如：章姬、黔莓系列品种、静香、妙香、甜查理、宁玉等。

（2）采用地膜覆盖栽培方式可有效减少初侵染源。

（3）移栽前清除病残体及病叶，集中烧毁。

（4）适量浇水，雨后及时排水。南方多雨地区，育苗田应设立排水沟，或高畦高垄育苗，减少积水和沤根概率。

（5）在育苗的整体过程中，应不间断地防控炭疽病等病害发生。建议根施用药，即每667米^{2}用25%嘧菌酯悬浮剂1 500倍液+6.25%精甲霜灵·咯菌腈悬浮剂400倍液+56%螯合氨基酸（阿速勃根）400毫升20～30天灌一次根，直至移栽前。穴盘育苗应在定植前对幼苗进行药剂杀菌浸根处理。即采用6.25%精甲霜灵·咯菌腈悬浮剂20毫升+25%嘧菌酯悬浮剂10毫升+15毫升55%螯合氨基酸（爱沃富）对水16升对幼苗浸根处理5～10分钟，稍晾干后可定植。

药剂防治：

推荐方案：草莓一生病虫害防治大处方。

常规药剂及用量：90%苯醚甲环唑乳油6 000倍液喷施，也可选用32.5%苯醚甲环唑·嘧菌酯悬浮剂1 000倍液，或32.5%吡唑萘菌胺·嘧菌酯悬浮剂1 000～1 500倍液，或75%百菌清可湿性粉剂600倍液，或56%百菌清·嘧菌酯悬浮剂800倍液，或10%苯醚甲环唑水分散粒剂1 000倍液，或80%代森锰锌可湿性粉剂600倍液，或42.8%氟吡菌酰胺·肟菌酯悬浮剂1 000倍液喷施。

褐 斑 病

【典型症状】褐斑病也有人称叶斑病，常发生在草莓生长中后期，主要为害叶片。染病初期，叶片上产生水渍状深紫褐色小斑点，如图63，扩展后，病斑中央呈浅褐色亮斑，如图64。病斑颜色较鲜亮，逐渐扩展斑点连片，成不规则紫褐色斑块，如图65。发病叶片从植株下部开始，逐渐向上蔓延，如图66。病斑紫红

图63 初期病斑呈水渍状紫褐色

色轮纹和浅褐色中心斑点，如图67，以及病斑从下向上发展是田间诊断褐斑病的主要依据。

图64　扩展后病斑中央呈浅褐色亮斑

图65　斑点连片逐渐成不规则紫褐色斑块

图66　褐斑病从植株下部老叶开始向上蔓延

图67　重症褐斑病的紫红色轮纹有浅褐色中心斑点

【疑似症状】病斑初期呈紫褐色小斑点，扩展后呈不规则圆形或大椭圆形斑，如图68。虽然病斑也是紫褐色，但病斑没有浅褐色中心斑点，感病多从叶缘开始，应判断为蛇眼病的早期症状。

叶片呈小型病斑分布，斑点浅褐色均匀，如图69，植株上部叶片发生严重，叶背面没有霉状物，病斑干枯，没有扩展。莓农陈述喷施过乳油类杀虫剂，判断为弱光昼短环境下药剂量过大产生的药害。

图68　疑似褐斑病的蛇眼病叶片　　图69　疑似褐斑病的杀虫剂药害斑点叶片

【发病原因】病菌以菌丝体或菌丝块随病残体越冬，以分生孢子借风雨传播，从伤口或气孔侵入。高温高湿条件下发病严重，发病适宜温度是22～28℃。春季保护地草莓生长后期和雨季有利于病害流行。

【救治方法】

生态防治：（1）选用优良品种如：妙香、宁玉、黔莓、女峰、红颜、章查理等。

（2）地膜覆盖栽培可有效减少初侵染源。

（3）清除病残体及枯枝落叶。

（4）适量浇水，雨后及时排水。

（5）育苗田土壤药剂处理，最大限度减少土壤带菌。

（6）移栽前药剂处理幼苗，即用6.25%精甲霜灵·咯菌腈悬浮种衣剂600倍液浸根5～10分钟或淋根，晾干后定植。

药剂防治：采用草莓一生病虫害防治大处方进行整体预防。

常规药剂及用量：采用25%嘧菌酯悬浮剂1 500倍液预防会有非常好的效果，也可选用90%苯醚甲环唑乳油6 000倍液，或32.5%苯醚甲环唑·嘧菌酯悬浮剂1 000倍液，或42.8%氟吡菌酰胺·肟菌酯悬浮剂1 000倍液，或75%百菌清可湿性粉剂600倍液，或10%苯醚甲环唑水分散粒剂1 500倍液，或56%百菌清·嘧菌酯悬浮剂800倍液，或80%代森锰锌可湿性粉剂600倍液喷雾。

蛇 眼 病

【典型症状】此病多发生在生长早期，主要为害叶片。病斑圆形紫红色有浅褐色中心点，如图70，因似蛇的眼睛而得名。在潮湿环境下，染病初期叶片生大小不等的水渍状紫褐色圆形斑点，如图71，湿度加大病斑的紫红色加重，如图72。干燥环境下，病斑中央呈浅褐色干枯，如图73，病症也不再发展。

图70　典型蛇眼病病斑

图71　高湿环境下蛇眼病病斑水渍状紫褐色圆形

图72　湿度加大后蛇眼病病斑的紫红色加重

图73　干燥环境下蛇眼病病斑中央干枯

无公害蔬菜病虫害防治实战丛书　草莓病害典型与非典型、疑似症状的诊断与救治

【疑似症状】与蛇眼病症状最接近的是褐斑病，如图74。但是从病斑颜色上可以区别，从病斑中心点上也可以区别。蛇眼病的斑点是浅褐色发白，褐斑病的是褐色有圆轮。蛇眼病斑的颜色为紫褐色，褐斑病的颜色为深褐色。随着病斑的扩展，褐斑病病斑会发展成不规则的大斑和大 V 形，如图75，可与蛇眼病相区别。

图75　疑似蛇眼病病斑的大 V 形褐斑病病斑

图74　疑似蛇眼病的褐斑病叶片

【发病原因】病菌以菌丝体或菌丝块随病残体或在病叶上越冬，以分生孢子借风雨传播，从伤口或气孔侵入，高温高湿条件下发病严重。春季保护地草莓生长后期和雨季到来时节有利于病害流行。因此，移栽早期控制棚室湿度和高温是生态防控的关键。

【救治方法】

生态防治：（1）地膜覆盖栽培可有效减少初侵染源。

（2）清除病残体及落叶，并集中后烧毁、深埋或发酵沤肥。

（3）多雨地区高垄栽培，应留好排水沟，雨后及时排水。适量浇水，严禁旱涝不均和大水漫灌。

（4）施足有机底肥，增施磷、钾肥。

药剂防治：采用草莓一生病虫害防治大处方进行整体预防。

常规药剂及使用剂量：采取25%嘧菌酯悬浮剂1 500倍液预防可有

非常好的效果。发病后也可选用 32.5% 吡唑萘菌胺·嘧菌酯悬浮剂 1 500 倍液，或 75% 百菌清可湿性粉剂 600 倍液，或 56% 百菌清·嘧菌酯悬浮剂 800 倍液，或 10% 苯醚甲环唑水分散粒剂 1 500 倍液，或 80% 代森锰锌可湿性粉剂 600 倍液喷雾；发病后期可选用 32.5% 吡唑萘菌胺·嘧菌酯悬浮剂 1 000 倍液、42.8% 氟吡菌酰胺·肟菌酯悬浮剂 1 000 倍液喷雾。

青 枯 病

【典型症状】草莓青枯病是细菌性病害。主要为害叶片、叶柄、茎蔓。在草莓整个生长期病菌均可以侵染。秧苗感病，叶柄呈水渍状黄化，如图 76；叶片感病初期，叶柄产生紫褐色病变并萎蔫，如图 77，湿度大时，重症发病植株整体萎蔫，如图 78；拔出植株根部可见导管褐色病变，如图 79，重症青枯病后期根部腐烂伴有臭味，如图 80。

图 76　秧苗感病叶柄呈水渍状黄化

图 77　叶片感病初期，叶柄产生紫褐色病变萎蔫

图 78　湿度大时重症发病植株整体萎蔫

图79 根部可见导管褐色病变

图80 重症青枯病后期根部腐烂伴有臭味

【疑似症状】疑似青枯病症状的病害是草莓立枯病，如图81，根部的疑似症状是根腐病，如图82。与立枯病的区别在于：青枯病是系统性病害，细菌随着输导组织传导影响根部导致病变，立枯病是地上部感病的真菌性病害，感病后茎蔓干枯，不影响根部。与根腐病的区别：青枯病根部只是疏导组织病变，伴有臭味；根腐病的根部是全部褐色病变枯死，无异味。

图81 疑似青枯病的立枯病叶柄

图82 疑似青枯病烂根的根腐病

【救治方法】

生态防治：移栽前要考察育苗基地的病害防控现状，针对基地的防控实际情况采取防护措施。

（1）清除病株和土壤中的病残体一并烧毁，病穴撒入石灰消毒。

（2）采用高垄栽培，并针对细菌性病害重发地块，每667米^{2}用47%春雷·王铜可湿性粉剂300克对水喷施，封杀残留病菌。

药剂防治：（1）种苗移栽前药剂浸根消毒：选用25%嘧菌酯悬浮剂10毫升+6.25%精甲霜灵·咯菌腈悬浮剂20毫升+47%春雷·王铜可湿性粉剂30克+56%螯合氨基酸硼镁锌25毫升对水16升，浸根5～8分钟，或带土坨秧苗定植前淋根。

（2）青枯病极易与真菌性褐斑病或蛇眼病混合发生，可采用"阿加组合"预防。即每667米²25%嘧菌酯悬浮剂10毫升+47%春雷·王铜可湿性粉剂30克对16升水喷施或淋喷，10～15天喷施一次。配合田间控湿管理，实践证明防控效果理想。

（3）可以单独使用47%春雷·王铜可湿性粉剂400倍液、30%噻唑锌可湿性粉剂800倍液、30%噻菌铜可湿性粉剂800倍液、77%氢氧化铜可湿性粉剂600倍液喷施或灌根，防控效果均佳。每667米²用硫酸铜3～4千克撒施后浇水处理土壤可以预防细菌性病害。注意所选择的药剂应交替使用，降低产生抗性的风险。

立 枯 病

【典型症状】茎蔓、果实、叶片都能感染病菌。设施栽培或露地种植的草莓遇天气潮湿多雨时叶片易染病，染病多与湿度有关，以近圆形或椭圆形暗绿色水渍状病斑开始，如图83，进而呈黑褐色坏死，从植株近地面处先发生，如图84，使芽和蕾失去生机，植株青枯褐变或猝倒，后变黑褐色枯死。侵染到叶柄基部时，叶呈垂倒状，如图85。病株叶和果都少，严重时全株枯死。

图83　初染立枯病的草莓叶片生暗绿色水渍状病斑

图84　病害扩展后近地面叶片呈黑褐色坏死

图85　重度发病时叶柄基部
变黑褐色枯死

【疑似症状】立枯病的症状易与草莓芽枯病混淆。芽枯病也是叶缘初呈水渍状褐变，如图86，但是芽枯病是系统性病害，根部有病变；而立枯病是地上部感染这是两者最大的区别。

图86　疑似立枯病的芽枯病叶缘病变

【发病原因】病菌主要以菌丝、菌核在病残体或土壤中越冬。由于北方设施棚室保温条件的增强，草莓冬春棚室栽培，病菌可以周年侵染，借助灌溉水传播，一般大水漫灌的草莓种植方式发病重。发病适宜温度25～30℃，相对湿度高于85%时极易发病。北方初扣棚膜保温时空气湿度过大、浇水过量，叶面有水珠或露水，如图87，是病菌萌发侵染的有利条件。定植过密，通风透光差，排水不良，积水地块发病重，病害流行快。

图87　湿度过高草莓叶片有水珠是发病的风险标志

【救治方法】

生态防治：清洁田园，切断越冬病菌传染源。合理密植、高垄栽培、铺设滴灌设备，降低棚室适度。露地栽培注意排水，控制湿度是关键。设施栽培的草莓应采用膜下渗浇小水或滴灌方式，节水保温，以利降低棚室湿度。清晨尽可能早的放风，即放湿气，尽快进行湿度置换，增加通风透光性能。氮、磷、钾均衡施用，增加生物菌肥和螯合氨基酸微肥的补充，增强植株本身的健康是根本。育苗时应对秧苗土壤进行药剂淋根消毒。

苗床土壤和秧苗消毒：（1）育苗畦土壤药剂处理：每立方米苗床土用6.25%精甲霜灵·咯菌腈悬浮剂200克拌匀后撒施在育苗田表面，移栽后喷施枯草芽孢杆菌10亿个孢子/克200倍液促进生根抗病（苗期绿色防控整体方案见第七部分）。

（2）移栽前药剂浸根消毒：选用25%嘧菌酯悬浮剂10毫升+6.25%精甲霜灵·咯菌腈悬浮剂20毫升+47%春雷·王铜可湿性粉剂30克+56%

螯合氨基酸硼镁锌25毫升对水16升，浸根5～8分钟或带土秧苗定植前淋根。

（3）对定植田的栽前处理：每667m²用11%嘧菌酯·精甲霜灵·咯菌腈悬浮剂（宝路）30毫升+47%春雷·王铜可湿性粉剂300克，土壤表面沟施或喷施封杀残留病菌。

药剂防治：（1）"四灌三喷"法：见第七部分。

（2）推荐药剂及使用剂量：定植成活后10天，每667米²采用25%嘧菌酯悬浮剂60毫升灌根，即每喷雾器水（16升）对10毫升药淋灌；随水滴灌用量是每667米²100毫升嘧菌酯，这样草莓植株可有一个基本健康生长的基础。

（3）预防也可用75%百菌清可湿性粉剂600倍液（100克药对4喷雾器水），或56%百菌清·嘧菌酯悬浮剂1 000倍液、25%嘧菌酯悬浮剂1 500倍液+25%双炔酰菌胺悬浮剂1 200倍液、44%精甲霜灵·百菌清悬浮剂500倍液灌根。发病初期，可选用25%嘧菌酯悬浮剂1 500倍液+68%精甲霜灵·锰锌700倍液混施，或25%嘧菌酯悬浮剂1 500倍液+25%双炔酰菌胺悬浮剂1 000倍液混用灌根或喷施等。发病后期，应选择治疗剂，如10%氟噻唑吡乙酮可分散油悬浮剂1 200倍液、68.75%氟吡菌胺·霜霉威水剂1 000倍液+42.8%氟吡菌酰胺·吡唑醚菌酯悬浮剂1 000倍液喷施。不管用哪一种药防治，应做到均匀喷雾，使药液全部覆盖才能取得良好的效果。

芽 枯 病

【**典型症状**】芽枯病为害草莓花蕾、花萼、幼芽、托叶。花蕾、幼芽感病后青枯进而萎蔫、褐变，如图88。托叶、叶柄基部染病后产生黑褐色病变，如图89。花萼、花蕾染病产生褐斑，形成畸形叶和畸形果，如图90。

图88　幼芽褐变的草莓生长点

图89　青枯褐变的托叶、叶柄

图90　褐变枯干的花萼、花蕾

【疑似症状】花萼染病出现浅褐色病变，花药、雌蕊染病呈褐色，如图91；但是，开过的花絮和幼果柄基部也褐变，果蒂长出浓密霉状物，如图92，可以判断为灰霉病菌所致。叶片叶缘黑褐色水渍状萎蔫病变，如图93，继而长出霉状物，与芽枯病的干枯症区别在于叶片整体性水渍状软化，应判断为立枯病病叶片。土壤盐渍化造成的钙吸收障碍的叶缘褐变，如图94，也常被误诊为芽枯病。

图91 花萼、花药褐变的
灰霉病病幼果

图92 幼果柄基部褐变的灰霉
病病果蒂

图93 立枯病病叶片

图94 缺钙病的叶缘枯干

【发病原因】病菌以菌丝体、菌核附着于病残体上在土壤中越冬。寒冷、潮湿、连阴天发病重。北方保护地栽培的草莓，深冬时节，棚室高湿低温环境下，连阴雾天，数天不放风则发病严重。

【救治方法】

（1）无病土育苗。每立方米育苗土可以混拌6.25%精甲霜灵·咯菌腈悬浮剂200毫升，分苗转育苗时再对苗圃地面喷施68%精甲霜灵·锰锌水分散粒剂400倍液，或44%精甲霜灵·百菌清水剂500倍液，封杀地面残菌。

（2）重病地块进行土壤处理。每667米²用50%多菌灵可湿性粉剂或70%甲基硫菌灵可湿性粉剂2～3千克，拌细土均匀撒在定植沟或穴中。

（3）增施有机肥、发酵肥。合理密植，注意通风透气，降低田间湿度。尤其是保护地浇水后要及时通风，不要闷棚。

（4）"四灌三喷"法：见本书第七部分。

（5）推荐药剂：生长期病害发生时可以选用98%噁霉灵可湿性粉剂1 500倍液、50%啶酰菌胺可湿性粉剂1 000倍液、50%嘧菌环胺水分散粒剂1 200倍液、40%嘧霉胺悬浮剂1 200倍液喷淋植株。

病　毒　病

近些年来，生物组培技术深入推广，无毒组培草莓苗在生产中广泛应用，从而使草莓病毒病得到了较好的控制。设施栽培、生物防治的普及也发挥了重要作用。但是在露地栽培、保护地小拱棚栽培中，病毒病仍然是不能忽视的病害。防治传毒媒介仍是防治草莓病毒病的重中之重。

【典型症状】草莓感染病毒病产生花叶、斑驳花叶、黄化、坏死、畸形等多种类型症状。生产中常见的主要有花叶，如图95，还表现为叶片叶脉稍透明，叶色深浅不一，形成斑驳，如图96，花絮畸形皱缩，如图97，植株茎蔓扁平，如图98，花枝呈丛枝状，如图99。发病轻的植株不出现明显畸形或矮化。重

图95　草莓病毒病花叶症状

时则病叶片凹凸不平，皱缩畸形，如图100，植株生长缓慢，严重时明显矮化（图101）、黄化（图102）。草莓果染病表面凹凸不平，如图103。有些感病植株的症状是复合发生，一株多症的现象很普遍。

图96　叶色深浅不一的斑驳花叶症

图97　花絮畸形皱缩症

图98　植株茎蔓扁平　　　　　　　图99　花枝丛枝状

图100　重病叶片凹凸不平皱缩畸形

图101　植株矮化

二、草莓病害典型与非典型、疑似症状的诊断与救治

无公害蔬菜病虫害防治实战丛书

图102 明显黄化的草莓植株　　　图103 感染病毒病的果实表面凹凸不平

【疑似症状】在生产中我们会遇到非常多的类似病毒病的药害症状，诊断时易与病毒病相混淆，也是莓农经常误诊而乱用农药造成损失的误区。缺素症的症状、肥害、气候异常等症状也经常与病毒病症状相混淆。

（1）黄化症如图104，常误诊为病毒病。在区别此类病症时首先查看上部叶片与下部叶片叶色是否一致，整个植株长势是否与周围植株相同，有没有矮化现象。病毒病的发生开始时是零星单棵不会成片。而黄化症则发生在中下位置，局部叶片发生或是小面积发生，应该是土壤有机肥不腐熟而烧根造成的黄化现象。

（2）花叶症如图105。在连作的设施栽培田中，由于有机肥不足，大量补施化肥，从而使土壤盐渍化，造成某种元素缺乏（如缺硼）草莓植株显现花叶症，花叶深浅均匀是与病毒病的花叶症的区别。

图104 不腐熟肥料造成的肥害黄化症　　　图105 元素缺乏花叶症

（3）叶缘烧灼如图106。叶片生长正常，仅仅是沿叶缘环绕长有黄绿色晕带，病斑没有水渍状，也没有霉状物。同时，草莓曾使用冲施肥，施过强酸性或碱性肥料。可诊断为烧灼导致的叶片异常现象，即肥害。

图106　劣质化肥造成的叶缘烧灼

（4）花序畸形症。花序开花正常，果枝间隔缩短，花萼普遍有白化枯边现象，如图107。查看田间植株整体长势，均有花序畸形症状。莓农增大剂量混用农药和叶面肥，可诊断为药害所致。

图107　农药过量导致花序畸形

（5）叶片有不规则条状病斑，未见病原物，条形斑块只是烧灼性干枯如图108。此症在棚内分布均匀，询问后得知莓农增大剂量喷施农药，可诊断为药剂过量施用造成烧灼性干枯。

图108　农药过量造成叶片烧灼性干枯

【发病原因】病原病毒不能在病残体上越冬，只能以冬季尚还生存或种植的草莓、多年生杂草、草莓种株为寄主存活越冬，完成周年生存和传播。来年在存活寄主上依靠虫传和摩擦接触及伤口传播，通过整枝打杈等农事活动传染。蚜虫取食传播，是病毒病害发展蔓延的主要渠道。高温干旱适合病毒病发生，有利于蚜虫繁殖和传毒。管理粗放、田间杂草丛生的地块发病重。

【救治方法】防治病毒病铲除传毒媒介是关键中的关键。

（1）选用栽植脱毒组培苗，可到各地农业部门咨询购买。

（2）彻底铲除田间杂草和周围越冬存活的草莓老根，减少毒源。

（3）增施有机肥，培育大龄苗、壮苗，加强中耕增强植株本身的抗病毒能力。

（4）利用蚜虫的趋色性，设置防蚜黄色粘板诱杀蚜虫，如图109。铺设银灰膜驱避蚜虫。加设防虫网是设施草莓棚室最有效阻断传毒虫媒的重要措施。

（5）秋季移栽，除要适当推迟避开蚜虫迁飞时段外，最好在育苗时

图109　设置黄色粘板诱杀蚜虫

及时灭蚜、灭虱、灭蓟马。移栽前用25%噻虫嗪水分散粒剂喷施或淋灌种苗对防治蚜虫和白粉虱有30天以上的长效。操作方法为：移栽前2～3天，用25%噻虫嗪水分散粒剂1 500～2 000倍液［或1喷雾器水（16升水）加10克药］喷淋幼苗。使药液除喷叶片外还要渗透到土壤中。平均每平方米苗床喷药液2千克左右，有很好的治虫预防病毒病作用。

　　（6）设施栽培草莓冬春季多采用蜜蜂辅助授粉，不提倡定植前后喷施杀虫剂防治蚜虫，避免对蜜蜂生存造成威胁。莓农可在扣棚之前一次性喷施持效期较短的杀蚜虫药剂，如10%吡虫啉可湿性粉剂1 000倍液、30%噻虫胺悬浮剂2 000倍液。5～7天后覆盖棚膜，约20天后可以放置蜂箱。

　　（7）棚内发现病毒病植株，应尽早拔除补栽。虽然可以喷药控制病情发展，但是大多效果不理想且影响果实商品性，同时深冬时节过多喷施防治病毒病药剂对草莓有一定的抑制作用。

　　（8）20%吗啉胍·乙酸铜可湿性粉剂400倍液、10%混合脂肪酸水乳剂100倍液、2%氨基寡糖素300倍液喷施对缓解症状、调节生长有一定作用。

根 腐 病

【典型症状】根腐病就是莓农常说的"红中柱"根腐病，如图110，是威胁草莓生产的重要病害。根腐病主要为害草莓根部，感病初期只是底部叶片褐化褪绿，如图111，逐渐病株从新生根（图112）和侧根（图113）开始呈红褐色，逐渐变深褐色。纵切剖面观察根部可见褐变，如图114。随着病情加重，根系迅速坏死，植株萎蔫，如图115，植株地上部叶片黄化枯干，如图116，田间缺苗断垄，如图117。

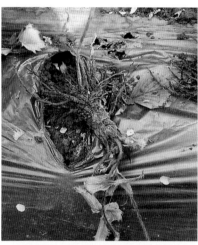

图110 典型的草莓根腐病症状

图111 感病初期植株底部叶片褐化褪绿

图112 病株从新生根开始病变

图113　侧根坏死褐变的草莓枝蔓萎蔫

图114　纵切病根剖面呈深褐色病变

图115　重度根腐病致使根系迅速坏死
　　　　植株萎蔫

图116　植株地上部叶片黄化枯干

图117　田间缺苗断垄的惨景

【疑似症状】植株黄化、萎蔫，拔出秧苗纵剖茎部、根部观察，有局部坏死症状，如图118。这种病株只需拔出一株剖开茎部、根部能见到维管束变褐，应该诊断为枯萎病为害所致。根腐病与枯萎病的区别是，根腐病根部整体全部变为红黑褐色，枯萎病只是维管束褐变，其余为白色。

图118　草莓枯萎病根部剖面

【发病原因】病菌以菌丝体和厚垣孢子在土壤中越冬。通过土壤、病株、雨水、大水漫灌以及农事操作传播。菌丝体适宜生存温度范围较宽，为5～30℃，发病传播适宜温度为22～28℃。管理粗放、连作、重茬、施用未腐熟农家肥或过量施用化肥、大水漫灌均有利于根腐病为害传播。高湿、露水、积水黏土是引起根腐病发生的重要因素。

【救治方法】

土壤消毒：设施促成草莓重茬土壤必须重视土壤消毒。生产中可以采用下面任何一种方法进行土壤消毒。

（1）高温闷棚技术：操作方法如下。

①对连年种植的重茬地块，利用夏季休闲期，选择连续高温天气，每667米²用腐熟的农家肥鸡粪6～7米³混入尿素（最好是碳酸氢铵）10千克，加入松化物质粉碎的秸秆2 500千克均匀撒施于棚室种植层表面，如图119。

图119　粉碎后的秸秆均匀撒施于棚室种植层表面

②每667米²撒施促进秸秆腐熟和软化的生物发酵腐菌酵素2～4千克，如图120。

③深翻旋耕，土壤深翻40～50厘米，如图121。

图120　撒施腐菌酵素

图121　土壤深翻40～50厘米

④大水浇透，不要有明水，地面看起来湿乎乎的，但看不到积水为适宜，如图122。

图122　大水浇透地面湿乎乎的

⑤覆盖地膜闷棚，如图123。使10厘米土层温度达到60℃，20厘米土层温度达到40℃，一般7～8月闷棚20～30天，也可15天后深翻地再次大水漫灌持续闷棚15天，这样可有效降低线虫病的发生为害。处理后的土壤栽培前应注意增施磷、钾肥和生物菌肥，一般每667米² 增施生物有机肥50千克左右。插上地温表测试不同耕作层的土壤温度，如图124，一般测试10～20厘米耕作层土壤温度。封闭闷棚结束后，揭去地膜，晾晒土壤1周后即可定植。

图123　土壤表面覆盖地膜，进行闷棚

图124　插上地温表测试10～20厘米耕作层土壤温度

（2）石灰氮土壤消毒技术：草莓拔秧前5～7天浇一遍水，待土壤不黏时拔秧。每667米²立即用30～60千克氰氨化钙均匀撒施在土壤表层，然后旋耕土壤，使氰氨化钙与表层10厘米土壤混合均匀，再浇一次水，覆盖地膜，高温闷棚10～15天，然后揭去地膜，放风7～10天。定植前可用生菜籽是否能正常出苗来检验土壤，若能出苗则即可定植。此外，旋耕土壤前可将未完全腐熟的农家肥或农作物碎秸秆如麦秸、麦壳（麸）、稻草（糠）、玉米秸等均匀地撒在土壤表面，操作方法与高温闷棚方法相同。

（3）药剂熏蒸土壤消毒技术：用棉隆、氯化苦等进行化学熏蒸消毒。建议由专业化组织实施。

（4）生物菌剂消毒法：于定植前2周，施入农家肥8～10米³深翻并浇透水，待土壤湿度达到70%左右后深翻并平整土壤做畦，每667米²沟施10亿芽孢/克枯草芽孢杆菌（NCD-2）可湿性粉剂5千克，混土，也可以穴施。完成后即可定植。

生态防治：（1）选种健康壮苗。轮作倒茬，可与菠菜、萝卜、白菜、茴香等蔬菜轮作。

（2）科学管理。增施有机肥，农家肥应充分腐熟。中耕尽量避免伤根。最好采用滴灌浇水，避免大水漫灌，减少传病概率。

药剂防治：（1）未进行上述土壤消毒的地块，定植时土壤表面药剂消毒处理：用6.25%精甲霜灵·咯菌腈悬浮剂400倍液喷施或穴淋。

（2）移栽前药剂处理幼苗：用6.25%甲霜灵·咯菌腈悬浮剂600倍液浸根处理5～10分钟，晾干后可定植。

（3）"四灌三喷"法：见本书第七部分。

防治草莓根腐病，生产中多采用综合措施，单一用药防治根腐病目前还没有较好的效果。发现病害后，也可用50%多菌灵可湿性粉剂500倍液，或98%噁霉灵可湿性粉剂2 000倍液、90%苯醚甲环唑乳油3 000倍液、70%甲基硫菌灵可湿性粉剂600倍液、25%苯醚甲环唑·丙环唑乳油3 000倍液灌根。

枯 萎 病

【典型症状】枯萎病是土传病害，草莓全生育期均可发病。北方棚室栽培的草莓一般在开花初期和结果初期开始发病。发病先表现为心叶黄化，如图125，有的先从侧叶开始褐变，即半边疯，老叶呈紫褐色萎蔫，如图126。该病为输导组织维管束病变，如图127，病株较一般植株矮化，如图128，发病早期叶片簇状卷曲，如图129；发病中期因营养水分供应不足，植株感病部位先逐渐黄化，呈现营养不良状；发病后期会因中午强日照而呈失水萎蔫状，如图130。逐步发展使整株萎蔫枯死，如图131。

图125　枯萎病发生初期心叶黄化症状

图126　病株侧枝老叶呈紫褐色萎蔫状

图127　维管束病变的草莓根剖面

图128 生长矮化簇状叶片卷曲症状

图129 发病早期叶片簇状卷曲

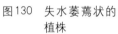
图130 失水萎蔫状的
植株

图131 田间病害发
展致整株萎
蔫死亡

三、草莓病害典型与非典型、疑似症状的诊断与救治

无公害蔬菜病虫害防治实战丛书

【疑似症状】

（1）植株叶片黄化、但心叶并不黄化，如图132，拔出观察维管束没变褐。综合施肥情况，诊断为局部撒肥料不均匀造成秧苗烧根而致叶片黄化。随着肥料的有效分解，症状会得到控制，植株长出健康新叶。而枯萎病导致的叶片黄化则没有可能缓解。

图132　肥害致叶片黄化

（2）设施栽培草莓，在草莓结果中后期植株易出现不同程度的整体黄化萎蔫现象，如图133。根据连年种植、有机肥不足和化肥施用过量，使土壤盐渍化的情况，诊断为土壤盐渍化造成的根压过小，根系吸收肥水不足导致的生理性黄化萎蔫。与枯萎病的区别是根表皮腐烂、褐变，枯萎病是脱水、萎蔫、枯干、褐变。

（3）植株萎蔫，叶片黄化，茎蔓维管束没有病变，如图134，只是接触地面部位的根系外表黑褐色并有霉味。而枯萎病根部外表无异常，维管束系统性病变，诊断为根腐病。

图133　土壤盐渍化吸水障碍造成的生理性萎蔫

图134　根腐病植株

【发病原因】枯萎病菌是为害植株维管束的病害。生长发育各时期均可染病。以菌丝体、厚垣孢子或菌核在土壤、未腐熟的有机肥中越冬，可在土壤中存活5～10年。病菌从伤口、根系的根毛细胞间侵入，进入维管束并在维管束中发育繁殖，堵塞导管致使植株迅速萎蔫，逐渐枯死。发病适宜土壤温度为22～32℃。重茬、连作及土壤干燥、黏重发病严重。品种间抗病性有一定差异。

【救治方法】

生态防治：(1) 选择种植抗病品种，如甜查理、章姬、妙香、宁香、黔莓、红颜、甜玫瑰等。

(2) 轮作倒茬。在南方尽可能与水田作物如水稻轮作，防病效果会更好。

(3) 加强田间管理，适当增施生物菌肥和磷、钾肥。降低田间湿度，增强通风透光。收获后及时清除病残体。

药剂防治：(1) 种苗消毒。选用6.25%精甲霜灵·咯菌腈悬浮种衣剂800倍液浸根3～5分钟，杀灭病菌。

(2) 育苗营养土消毒。苗床或大棚土壤处理：取大田土与腐熟的有机肥按6∶4混均，并按100千克苗床土或大棚土中加入68%精甲霜灵·锰锌可分散粒剂20克和2.5%咯菌腈悬浮剂10毫升拌匀后过筛。用配好的药土栽植种苗或覆盖于育苗田上，或每立方米营养土用10亿个芽孢/克枯草芽孢杆菌可湿性粉剂500克混均作为育苗土或覆盖土。可以有效减轻枯萎病为害。

(3) 土壤消毒。参照根腐病土壤消毒方法和操作程序进行。

(4) 药剂灌根。定植后用10亿个芽孢/克枯草芽孢杆菌可湿性粉剂400倍液灌根或淋灌，若用滴灌施药法每667米²用4～6千克，初花期再灌一次会有较好的巩固防病效果。也可每667米²选用25%嘧菌酯悬浮剂200毫升+56%螯合氨基酸硼镁钙1 000毫升（必腾根）滴灌施用，对枯萎病死秧有防控作用，早防早治效果比较明显。

果 腐 病

【典型症状】果腐病是草莓的果实腐烂性病害。草莓成熟时才表现出来病害症状。感病果实局部软化，软化部位逐渐长出绿黑色霉菌，如图135。潮湿环境下病果软化腐烂，病斑处长出白色霉层，如图136。

成熟果实染病，表面阴湿凹陷出现水渍状小斑点，如图137，病斑逐渐扩大为水渍状大块斑，如图138。

图135　病果软化长出黑色霉菌

图136　病果腐烂长出白色霉层

图137　病部凹陷出现水渍状小斑点

图138　水渍状大块果腐斑

【发病原因】果腐病是两种病菌为害所致，一种是易腐生的交链孢，一种是疫霉菌。它们在病残体上或分别以分生孢子、卵孢子在土壤中存活、越冬，遇水和适宜温度借雨水、浇水或气流传播。接触地面或接近地面的果实，受到创伤、虫咬、水泡的果实，田间土壤湿度大，雨水多，平畦栽培积水的地块发病严重。

【救治方法】

生态防治：（1）高垄栽培、地膜覆盖，可减少果实与地面接触的机会，如图139；设施栽培，可增高基质盆架，如图140，使果实处在相对干燥、透光的环境里。

图139　高垄地膜覆盖栽培模式

图140　增高基质盆架栽培模式

（2）及时采收，清除田间病果和病残体。

（3）合理施肥水，注意排水降湿，加强通风和防治害虫。

药剂防治：可选用80%代森锰锌可湿性粉剂600倍液、50%啶酰菌胺可湿性粉剂1 000倍液、10%苯醚甲环唑水分散粒剂800倍液、50%克菌丹可湿性粉剂400倍液、25%丙环唑乳油3 000倍液、25%嘧菌酯悬浮剂1 500倍液喷施预防果腐病。对疫霉菌引起的果腐病可选用68%精甲霜灵·锰锌水分散粒剂500倍液、50%烯酰吗啉·锰锌600倍液、72%霜脲·锰锌可湿性粉剂800倍液、66.8%霜霉威可湿性粉剂800倍液喷施防治。

皮 腐 病

【典型症状】感病果实从接触地面部位先受到侵染，初呈水渍状不规则黄褐色病斑，逐步发展到整个果实表皮，如图141。随着空气干燥，病斑硬化呈皮囊状，若遇雨水和干旱交替天气，果皮则爆裂果实呈溃烂状，如图142。

【发病原因】病菌以卵孢子在土壤中越冬，遇水释放游动孢子通过雨水或浇水传播。高温高湿是发病的重要条件，平畦、低洼田、黏土地、施氮肥过量易促使发病。

【救治方法】参见疫霉菌所致果腐病救治方法。

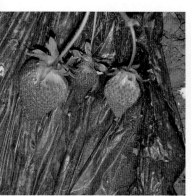

图141　呈皮囊干化的皮腐果

图142　皮囊状果软化溃烂状

三、草莓生理性病害的诊断与救治

在草莓生产一线，莓农对生理性病害的认知非常模糊，生理性病害已经成为影响草莓优质高效生产的重要障碍。生理性病害所占病害比例正逐年提高，因误诊而错误用药致使产生的各种农药药害等现象普遍发生。又因多种农药混施造成的复合症状给诊断带来识别难度。下面我们以草莓生长的部位和症状相似性来分类诊断。

土壤盐渍化障碍

【症状】植株生长缓慢，矮化，叶色深绿，叶缘开始有失水性枯边，如图143，继而发展成褐色枯边，如图144，检查草莓根系有烧根现象发生，如图145，地上部植株逐渐失水，造成叶缘脱水性褐变枯死，如图146。

图143 盐渍化障碍导致草莓失水性叶缘枯边

图144 盐渍化障碍导致叶缘褐色枯边

图145 盐渍化障碍所致的烧根

图146 重度盐渍化障碍造成叶缘脱水性褐变枯死

【发病原因】在重茬连作、土壤有机肥严重不足及过量施用化肥的地块，经常发生草莓营养不良的现象。由于过量施用化肥，肥料中的盐分不会或很少向下淋失，造成土壤中的盐分借毛细管水上升到表土层并积聚，盐分的积聚使草莓根围土壤水分压力过小造成各种养分吸收输导困难，植株生长缓慢。植株根压过小，反而向植株索要水分造成局部水分倒流，同时设施促成栽培的棚室或露地栽培的草莓坐果时一般正直高温季节，水分蒸发量大，叶片因根压不足造成水分和养分不足，叶缘呈枯干状，重症呈现盐渍化状态萎蔫或枯萎。

【救治方法】（1）轮作倒茬。实行不同作物间的合理轮作，特别是水旱轮作，对预防土传病害的发生、土壤有机质养分的有效吸收和积累可收到事半功倍的效果。合理轮作能使专性病原菌得不到适宜生长和繁殖的条件，从而减少致病菌的数量。轮作还可以调节地力，提高肥效，改善土壤的理化性能。嫁接草莓虽能暂时解决重茬连作的问题，但是由于砧木的连年单一使用，也会造成生长性连作障碍。建议2～3年轮作1次。

（2）改良土壤。治理土壤盐渍化的根本是改良土壤。土壤盐渍化导致土壤板结和生理病害加重。增施有机肥，测土配方施肥，尽量不用或少用容易增加土壤盐类浓度的化肥。氮肥施用过量的地块增施生物钾肥和腐植酸肥，以求改变土壤通透气状况和盐性环境。连作地块，可以考虑增施有机肥改善盐渍化状态，或用生物菌肥加大土壤吸收活性。重症地块灌水洗盐，泡田淋失盐分，及时补充流失的钙、镁等微量元素。

（3）利用秸秆还田松化土壤技术，将粉碎好的秸秆与厩肥混合发酵后铺到田中后深翻土壤，以加强土壤通透性和吸肥性能，这是改变盐渍化土壤的根本，还可以有效防治土传病害。

低温障碍

【症状】北方冬春设施栽培草莓易发生低温寒害、冻害。草莓叶片阴绿，萎蔫状，如图147；植株长期处在寒冷环境里，叶片下垂呈勺状，如图148；根系呈锈黄褐色，很少有新根和须根萌出，如图149；植株生长停滞。植株处在低温高湿条件下或遇温度骤降，整株呈深绿色水渍状萎蔫，如图150。花芽分化期遇低温，花序减数分裂障碍，形成多手状畸形果（图151）和双子畸形果（图152）。受冻后授粉不良导致畸形果，如图153。低温障碍还会使雄花粉管冻死褐变无法授粉（图154）和造成雄蕊花粉管花药无法打开授粉而成褐色花蕾，如图155，或不开花造成无效花序如图156，或授粉、受精不良，如图157。幼果停止膨大形成僵果，如图158，花蕾受冻枯死黑心，如图159。

图147　低温环境下的草莓幼苗

图148　寒冷条件下叶片下垂呈勺状

图149　低温下的根系呈浅褐色沤根状

图150　整株呈深绿色水渍状萎蔫

图151　低温障碍形成的多手状畸形果

图152　花芽分化障碍造成的双子畸形果

三、草莓生理性病害的诊断与救治　无公害蔬菜病虫害防治实战丛书

图153 冻害后授粉不良形成的畸形果

图154 低温障碍致使雄蕊冻死褐变

图155 雄蕊花药不开授粉失败的变色花蕾

图156 不开花造成无效花序

图157 授粉、受精不良的畸形果

图158　持续低温幼果停止膨大造成僵果

图159　受冻的花蕾枯死黑心

【发病原因】草莓是一个适应性非常强的作物，综合看是耐热不耐寒的喜温作物，对寒冷环境的耐受程度是有限的。温度低于－7℃时会受到冻害，－10℃时植株会被冻死。在0℃时授粉、受精会受到影响致使形成畸形果。草莓开花结果的最低温度是5℃，花芽分化的最佳温度是5～17℃，配合10～15小时的短日照，才能完成花芽分化和旺盛生长，光照不足和温度低于5℃时花芽停止分化。草莓根系生长的最低温度为8℃。草莓植株对低温非常敏感，温度低于13℃时植株停止生长，遇霜即死。当冬春季或秋冬季定植或育苗时，遭遇寒流或长时间低温或霜冻或持续雾霾天气，草莓植株就会发生寒害、冷害或冻害症状。

【救治方法】（1）选择耐寒、抗低温、耐弱光的品种，如红颜、甜查理、章姬、妙香、圣诞红等。

（2）根据生育期确定抗低温保苗措施：霜冻来临之前，尽早覆膜保持地温，定植后提倡全地膜覆盖，如图160，有条件的可以在设施棚中加盖棚中棚，降低棚室湿度，进行膜下渗浇，如图161。小水勤浇，切忌大水漫灌，有利于保温排湿。

图160　草莓全地膜覆盖种植模式

图161　膜下渗浇模式

　　（3）有条件的可安装滴灌设施，既可有效供应水分又可节水、保温、降湿，还可有效降低发病率。合理均衡地施肥浇水，是无公害草莓生产的必然趋势。

　　（4）设施草莓栽培需要采用蜜蜂辅助授粉，提高授粉率，如图162。一般每667米²棚室，可放置1～2箱蜜蜂，如图163。温室放风口须设置纱网，以防蜜蜂飞逸。

　　（5）架设植物生长灯（图164），延长草莓光照时间和提高光合作用

图162 棚室栽培草
莓蜜蜂辅助
授粉

图163 草莓棚室放置蜂箱的位置

效率。试验示范证明，架设植物生长灯每天早晚各延长2小时的照射时间，有明显的促进草莓高产、转色早熟（图165）和优质的效果。选择光合功能优质的生长灯照射，每5延长米架设一盏，跨度8米的棚室建议采用双行灯，如图166，从定植后10天开始架设使用，可以促进提早开花和均匀坐果，如图167，提前5～10天成熟采收。

图164 草莓棚架设植物生长灯

图165 植物生长灯促进果实生长和早熟的对比

图167 提早开花均匀坐果的草莓

图166 双行设置植物生长灯的模式

（6）喷施抗寒剂。可选用56%螯合氨基酸镁钙500倍液（阿速勃钙镁或必腾镁钙）、55%氨基酸硅（爱沃富）500倍液，或红糖50克对1喷雾器水（16升）加0.3%磷酸二氢钾喷施，或采用98%腐植酸400倍液喷施既可补充营养又增强抗寒性，效果不错。

高温灼伤

【症状】草莓高温灼伤多发生在种植后期的成熟果实促成设施栽培后半程的春夏时节。叶片灼伤，产生大V形乳黄色斑，如图168，发生重时叶片大面积干枯。但是病斑上没有霉状物，没有任何轮纹，仅有一片叶或几片叶表现症状。成熟的果实灼伤，果形、转色均正常，只是果实表面局部软化褪色，呈白化果状，如图169。失水干燥后的灼伤果实干瘪皮囊化，呈浅粉色，如图170。

【发病原因】在北方，促成设施栽培草莓的主要方式是采用温室或拱棚模式，春季升温较快，如果棚室放风不及时，使棚内的温度达到38℃甚至40℃以上，在高温强光环境下，附着在棚膜上的水滴温度会随着棚室温度的升高而升高。棚上落下来的高温水会烫伤草莓叶片或果实，此现象多发生在收获后半程的高温季节。

图168 草莓叶片产生大Ⅴ形乳黄色斑

图169 因高温条件下棚膜滴水烫伤的果实

图170 失水干燥后的灼伤果实皮囊化呈浅粉色

【救治方法】加强棚室管理，降低棚室湿度，及时通风和清理棚膜积水。

氮（中毒）过剩症

【症状】植株组织柔软，叶片肥大，贪青徒长，叶色浓绿，如图171。顶端叶片卷曲，易拧转。花芽分化延迟花序少（图172）、畸形和

图171 氮过量叶片贪青浓绿心叶扭曲

图172 氮过剩造成的花序生长迟缓、数量少

生长紊乱。易落花落果。过量的氮素导致秧苗烧根，叶缘深褐色枯干，如图173。北方冬早春设施栽培的草莓氮素过剩容易发生果实着色差、发白，如图174，果实成熟后尖部存留未转色的绿色部分，如图175，口味淡、甜度低。

图174　氮过量果实着色差、发白

图173　过量氮肥造成的草莓叶缘深褐色枯干

图175　氮过剩造成的草莓果尖转色慢

【发病原因】莓农连茬种植草莓，为追求产量施入大量氮肥是造成氮过剩（中毒）的主要原因。过量施入氮肥，刺激了植株使生长紊乱。冲施复合肥看起来是施入复合元素，但事实上氮元素占主要部分。草莓育苗配制营养土时，加入过量的氮素会造成秧苗烧根中毒而枯死现象。

【救治方法】草莓是一年中最早上市的鲜食果品。消费者对口感和色泽、外观要求非常高。市场上因口感、甜度和外观售价的差异有数倍之大。而口感、甜度和外观，除选择优良品种外，还需要从种植管理上下功夫。这里给出河北草莓种植高手的施肥方案，供广大莓农参考。

（1）测土配方施肥。针对种植品种特性，对所种地块进行肥力测定，尤其是正确估计前茬残留的肥力，防止氮肥过量。一般在秸秆还田的基础上，每667米^{2}底肥施用4～6米^{3}的有机肥或发酵好的农家肥，可以补施20～25千克的均衡复合肥；辅助施入56%氨基酸沃土1升和12%腐植酸生物菌肥（根罗）1升，增加草莓根系吸收营养的能力和抗病能力。定植后的缓苗肥全部采用99%海藻酸乳液500毫升+12%腐植酸生物菌肥滴灌，促草莓开花授粉和根系有效吸收；辅助喷施螯合氨基酸作叶面肥配合果实转色和转糖，就把草莓品种本身的奶香品味全部展现出来了。整个生产过程中，全部采用生物菌肥和菌剂，可保持草莓甜度差异小、口感优异的特点。

提醒莓农注意的是：草莓不需要太多的氮肥，适时补充磷肥和钾肥，多施有机肥，即生物钾肥，对草莓增甜有着明显的效果。一旦停止施用生物钾肥，果实的甜度就会打折扣，一个果实的中间部位和下部就可能是酸的。尤其是以采摘为经营特点的莓农，口感是消费者回头率的重要指标。

（2）增加灌水，降低根系周围因氮过量引起的中毒现象。缓解氮过剩的办法是每667米^{2}滴灌生物菌肥和腐菌酵素2千克，10天后可再滴灌一次。也可每平方米追施一次56%氨基酸沃土（阿速勃）500毫升+12%腐植酸（伊万腐植酸）500毫升，改善氮素中毒症状和草莓生长条件。

缺 钾 症

【症状】钾可在植株体内移动，植株缺钾时老叶中的钾就会移动到生长旺盛的新叶中，从而导致老叶表现缺钾症状。果实也是一样，缺钾时钾首先移动到果实顶尖部位，果实的下部因钾不足导致营养失衡而表现酸涩。叶片缺钾症状是老叶的叶缘产生不规则紫色或浅褐色斑点，如图176，叶缘、叶脉周围出现紫褐色或褐色条纹和枯边，如图177，但

图176　叶片缺钾表现叶缘紫褐色斑点

图177　老叶缺钾叶缘、叶脉周围呈现紫褐色条纹

是褐斑上没有霉状物，可与真菌性病害区别。严重缺钾时叶片呈茶褐色斑块，如图178。幼果缺钾影响草莓成熟时的糖分转化，果实呈缩顶状，如图179，使甜度降低，口感差。

图178　重度缺钾叶片呈茶褐色条纹斑

图179　重度缺钾的果实果形呈缩顶状

【发病原因】在生产一线的施肥中并不缺少钾元素的投入。氮、磷、钾肥的施入量常常是同比例的，但是草莓对钾的需求量和吸收量多是氮肥的1～2倍甚至更多。对于连年种植的莓田，在施入有机肥不足时，大量施用化肥，则造成土壤板结、氮肥过剩和土壤盐渍化程度升高；磷肥的过量施用也会导致草莓对钾肥吸收的减少，土壤微生物含量越少，钾元素的移动和被吸收的越少，作物缺钾症状趋于严重，直至发生田间生长缺钾。

【救治方法】

（1）补充钾元素时应首先改善根系的生存状况，增加土壤微生物含量和土壤通透性，让更多因氮、磷元素过剩被固定的钾元素释放出来。补钾应该从速效的生物钾肥入手。

（2）从具有均衡吸收特点的腐植酸生物菌肥入手，才能较快地缓解缺钾症状，改良果品质量，提高果实的甜度。补充钾肥的同时还需要补充铁元素，因为缺钾的同时也影响了铁元素的输送和吸收。每667米^{2}可采用生物钾肥1升＋腐植酸500毫升混搭施用，解决缺钾和缺铁吸收移动障碍的问题。

（3）每667米^{2}可用采用98%螯合氨基酸镁钾硼水乳剂（必腾镁钾）1升进行滴灌或冲施。

缺 钙 症

【典型症状】钙素在植株体内不易转移，缺钙时新叶黄化，如图180。植株缺钙细胞不能进行正常分裂，从而抑制顶芽生长，重度缺钙的症状是顶芽、叶片尖端坏死（图181），及其周围叶片皱缩。幼叶缺钙叶缘失水，如图182，继而干枯变褐，如图183。果实缺钙，除花萼枯干外（图184），果实畸形僵硬，如图185。重度缺钙的果实丧失商品价值，初期呈水渍状暗绿色，逐步发展为深绿色或灰白色凹陷。成熟后斑点褐变不腐烂，重度缺钙的果实在幼果时会逐渐脱水枯死，如图186。

图180 植株缺钙初期新叶黄化

图181 缺钙导致顶芽、叶片尖端坏死

图182 草莓缺钙幼叶叶缘失水

图183 叶缘失水叶片枯干变褐

图184 果实缺钙花萼枯干

图185 缺钙的果实畸形僵硬

图186 重度缺钙果实幼蕾脱水性枯死

【疑似症状】叶片叶缘干枯（图187），发生在下部叶片，心叶并没有叶尖干枯或失水现象，应诊断为氮过剩造成的烧叶。施肥过量的烧叶与缺钙症的叶缘枯干的发生位置有所不同，缺钙症先从新叶开始发生，而且叶缘皱缩性褐变，叶片不舒展。氮过剩烧叶是从下部叶片开始如图188，叶片平展只是烧边，或者是整体性的枯干。

图188 疑似缺钙症的氮肥过剩从下部叶片开始发生

图187 疑似缺钙症的氮肥烧灼叶缘干枯

【发病原因】植株缺钙多因土壤盐渍化和过量施用化肥、复合肥引起，虽然土壤中不缺钙离子，或在施底肥和追施肥中施用了足够的钙肥，但连续多年种植草莓的棚室，过量施用化肥会造成土壤盐分过高、板结、缺少微生物活性，导致根系吸收钙素障碍。干旱时，土壤液体浓缩，抑制根系吸水和钙离子的移动吸收，造成植株体内营养成分不均衡也表现缺钙症状。盐渍化障碍、高温、干旱和旱涝不均是影响钙吸收的主要原因。

【救治方法】缺钙是系统性营养吸收障碍造成，单纯补充钙肥或喷施含有钙元素的叶面肥很难解决根本问题，植株缺钙症状一般不会消失。必须采取综合措施，改良土壤通透性，使被固定的钙素释放，才能缓解缺钙症。

（1）从根本上避免缺钙现象就要从种植前施底肥开始，在土壤充分消毒灭菌后，增加秸秆还田和增施有机肥的基础上，酸性土壤及时补充石灰质肥料，调节土壤pH至中性。底肥施用足够的有机肥并施入中量元素的钙镁硼肥，如昆卡500克。

（2）追施生物钾肥和螯合氨基酸钙肥，增强草莓根系土壤透气性，改变根系的吸收环境。

（3）连年多茬种植的棚室，每年必须进行土壤消毒，并且每667米^{2}施10～12米^{3}腐熟好的有机肥和高含量腐植酸肥。应避免过量施用氮肥和含有氮肥的复合冲施肥，适当保持土壤含水量。

（4）疏花疏果，防止不必要的钙素竞争。

（5）开花授粉后及时喷施56%螯合氨基酸钙镁锌水乳剂（必腾钙镁）叶面肥400倍液，或55%氨基酸硅钙水剂（绿得钙、途保佳）。

（6）果实膨大期可叶面喷施55%螯合氨基酸钙（绿得钙）10毫升+腐植酸20毫升对水16升喷施。加入少量维生素B_6可以防止高温强光下形成的过量草酸，对预防缺钙有较好的效果。

缺镁症

【症状】草莓缺镁叶片叶脉间黄化，同时产生大的紫黑色不规则斑点。典型症状是老叶片叶脉之间叶肉褪绿黄化，形成斑驳花叶，如图189。叶片僵硬，叶缘稍向上或向下卷翘，如图190。在田间，缺镁的草莓植株症状并不仅限于下部叶片，果实迅速膨大需要大量镁，镁由附近的叶片向果实中转移而产生缺镁症状。重症时会向上部叶片发展，逐渐黄化、白化，直至整株枯干死亡。

图189　缺镁造成的叶肉黄化

图190　僵化卷翘的缺镁叶片

【疑似症状】叶片皱缩黄绿相间，不均匀叶肉褪绿黄化，如图191，新叶表现明显，查看整体植株生长情况，此症只是偶发，并未普遍连片发生。可诊断为疑似缺镁症的草莓病毒病斑驳花叶症。

普遍发生叶片皱缩，斑驳处浓绿，如图192，新叶趋于严重，莓农近期喷施过农药，应诊断为药害所致。

图192　疑似缺镁症的生长调节剂混用后的药害症

图191　疑似缺镁症的草莓病毒病皱缩斑驳花叶

【发病原因】镁是植株体内所必需的元素之一。由于施氮肥过量导致土壤呈酸性，从而影响草莓对镁肥的吸收，或钙中毒导致土壤呈碱性也影响草莓对镁的吸收，进而影响叶绿素的形成，造成叶肉黄化现象。

低温时，施氮、磷肥过量有机肥不足也是造成土壤缺镁的重要原因。根系损伤影响植株对养分的吸收，而产生缺镁现象也是不容忽视的。

【救治方法】增施有机肥，合理配施氮、磷肥，配方施肥非常重要。及时调试土壤酸碱度、改善土壤通透性，避免低温。补镁的同时应该加补钾肥和锌肥，多施含镁、钾肥的底肥、厩肥。叶片补充可喷施生物叶面肥即56%螯合氨基酸镁钾锌（必腾叶）400倍液，或螯合镁和螯合锌等。

缺 硼 症

【症状】新叶停止生长或生长缓慢，果实表面龟裂、木栓化如图193。草莓缺硼，果实典型症状是我们常说的网状木栓化果，如图194。生长点坏死，花器发育不完全，新叶、茎与果实生长停滞，叶缘黄化并向纵深发展。

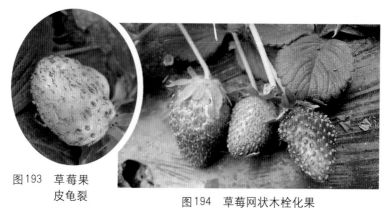

图193 草莓果皮龟裂

图194 草莓网状木栓化果

【发病原因】硼参与碳水化合物在植株体内的分配，大田改种植草莓易发生缺硼症。连作、重茬、有机肥不足的碱性土壤和沙性土壤、施用石灰过多降低了硼的有效吸收，以及干旱或浇水不当、钾肥过剩都会造成缺硼症。发生缺硼症时，并不对植株吸收钙产生直接影响，但缺钙症伴有缺硼症发生。

【救治方法】缺硼症救治应从底肥施入开始。微肥中的持力硼就是用在底肥中给予草莓持效性的作用，生长后期再喷施补充一些硼，加强花芽分化和开花期硼的供应，基本可满足草莓整个生长期对硼的需求。应做到改良土壤，多施厩肥，增加土壤的保水能力，合理灌溉，底肥施入持力硼，追肥补充氨基酸螯合硼钙肥，叶面结合补充钙肥喷施56%螯合氨基酸钙（必腾叶）和硼锌400倍液。

硼过剩症

图195　硼过剩草莓叶片叶缘紫褐色枯死

【症状】硼过剩有两个特征。一个是叶缘发生异常而枯死，此症均发生在下部叶片。草莓硼过剩的叶缘枯死呈紫褐色，如图195。

【发病原因】人为因素多于自然因素。草莓硼过剩症多发生于基质栽培的模式中，这与人们过分强调硼元素的作用有关。

【救治方法】轮作倒茬。改良土壤酸碱性保持较高pH。增加石灰、碳酸钙等碱性物资的施用，并通过混土来改善土壤环境。无土栽培要严格把控硼的投入量。

缺铁症

图196　草莓缺铁黄化叶片

【症状】缺铁的最初症状是幼叶黄化或失绿，如图196，逐渐叶肉变白，仅剩叶脉为绿色，进而叶片变褐坏死，植株衰弱。

【发病原因】缺铁症的发生多与寒冷环境下根系活性降低后影响了钾的吸收和移动有关，由于缺钾影响了铁在植株体内的移动。因此，缺钾伴随着缺铁而影响草莓生长，一般蔬菜和草莓不缺铁，水培、有机栽培的草莓发生的缺铁症较多，土壤盐渍化易发生缺铁症。

【救治方法】一般喷施0.1%～0.2%硫酸亚铁或氯化铁溶液，现在多数莓农在补充钙镁的同时补铁，如喷施含有铁元素的生物氨基酸螯合肥（必腾叶）或施用螯合铁等。

四、草莓药害诊断与救治

草莓因果实的外形、颜色漂亮及特殊的芳香味道、软嫩多汁等特点，备受消费者青睐，同时也给生产者带来较好的效益。但是，正由于果实柔软多汁的特点，决定了在其病虫害防治用药上需谨慎行事。

植物生长调节剂药害

【症状】（1）赤霉素、芸薹素内酯过量施用，使花芽过度分化，果穗和幼蕾增多，如图197；使营养生长过快导致叶芽衰竭，如图198；致使植株生长紊乱、花穗无序，造成不必要的营养消耗，幼果僵化不长，如图199。

图197　赤霉素施用过量造成的果穗、幼蕾增多

图198　生长过快致使叶芽衰竭的植株

图199　生长紊乱无序的花枝、僵化的幼果

（2）保花保果药过量，使幼果生长受到抑制，如图200，或刺激花枝过度伸长，如图201，造成不必要的营养消耗。

图200　保果药过量致幼果生长紊乱

图201　花枝过度伸长

（3）膨大素刺激生长，幼果果肉细胞生长和伸长速度过快，如图202，膨大速度超过生长速度造成草莓果空洞，如图203。

图202　膨大素刺激生长过快
　　　　造成畸形果

图203　膨大素刺激生长过快造成
　　　　草莓果空洞

（4）在果实膨大期使用控旺药剂，致使膨大期果实膨大受到抑制，药液喷施多的地方果实停止生长产生畸形果，如图204。

【药害原因】草莓作物有休眠期。促成模式生产中草莓需要打破休眠期，促进植株生长发育，赤霉素是常用的植物生长调节剂。5～8毫克/千克的溶液可以有效打破休眠期。

图204　控旺药剂错用在膨大期草莓上造成的皱缩畸形果

我们在使用赤霉素等植物生长调节剂时，有时只注重使用浓度忽略了其适用生长阶段；有时为达目的而加大剂量，反而对植株产生抑制作用；或忽略了某一植物生长调节剂只对植株某一部位产生作用的特点。过量使用，就会造成抑制或刺激细胞生长速度；不严格按某一生育期使用，就有可能导致徒长、落花；或由于剂量过大，限制了植株的正常生长，使其老化或生长缓慢。

【救治方法】（1）科学用药、对症用药，精准配药，尽量采用栽培管理上可操控分化期的方法，或引种无休眠或休眠不敏感品种。最大限度地降低使用植物生长调节剂的概率。

（2）过度分化的花枝、幼蕾采取疏花疏果措施疏除或摘除，保留2～3个果实，去掉过剩的幼蕾和分枝。

（3）掌握好植物生长调节剂的用药时机，单一使用不要与其他药剂混用，目标明确，切忌随意增加或减少药剂使用浓度或用量。

施药不当药害

【症状】（1）劣质喷雾器"跑、冒、滴、漏"，过量淋灌式喷药造成对叶片的灼伤，如图205。

（2）大剂量、多种类农药混于同一喷雾器中使用，致草莓叶片大面积产生急性黑褐色烧灼斑，如图206，局部叶片叶缘脱水性黑褐色干枯，如图207，或叶缘烧灼性褐色枯干，如图208。

（3）过量喷施药剂抑制果实膨大并造成畸形果，如图209，或滞长后转色障碍、裂果，如图210。

图205　"跑、冒、滴、漏"淋灌式喷药灼伤的叶片

图206　叶片产生大面积黑褐色烧灼斑

图207　叶缘脱水性黑褐色干枯

图208　叶缘烧灼性褐色枯干

图210　过量喷施药剂果实滞长后转色障碍、裂果

图209　过量喷施药剂抑制果实膨大并造成畸形果

（4）在冬早春弱光寒冷时段喷施混用药剂后导致叶片灼伤，如图211。

（5）杀菌剂中加入有机硅后，导致药剂渗透过快产生的灼伤叶片，如图212。

图211　冬早春弱光寒冷时段喷施混用药　　图212　药剂渗透过快产生的灼伤叶片
产生的灼伤叶

（6）大剂量喷施乳油类杀虫剂、杀菌剂，致使草莓叶片渗透吸收后新叶皱缩畸形并覆盖厚厚的药粉，如图213。

（7）过量喷施杀螨剂使草莓叶片呈浅粉白色斑点，如图214，严重时叶片产生大面积不规则粉色灼伤斑，如图215，叶肉失水叶背面产生粉色斑块，如图216。

图213　新叶皱缩畸形并覆盖厚厚的药粉

图214　叶片呈浅粉白色斑点

图215 叶片呈大面积不规则粉色灼伤斑

图216 叶背面产生粉色斑块

（8）喷施杀蚜虫药剂殃及蜜蜂后，草莓花蕾无授粉而败育的植株，如图217。

【救治方法】（1）应使用压力大、雾滴小的电动喷雾器，使用前先检验喷雾器是否完好。

（2）已发生药害的秧苗如果没有伤害到生长点，可以加强肥水管

图217 草莓花蕾无授粉而败育的植株

理，促进快速生长。少量的秧苗可尝试选用赤霉素喷施调理，以缓解药害。在生产中应尽量将杀菌剂、杀虫剂与除草剂分别用两个喷雾器进行操作，避免发生交叉药害。药害严重的地块，只能拔除毁种。

生产中常采用缓解药害的技术方案：

①3.4%赤·吲乙·芸晶体（碧护）5 000倍液喷施。

②56%螯合氨基酸阿速勃沃土水剂800倍液滴灌或喷施、淋灌。

③每667米^{2}用55%氨基酸螯合镁钙（爱沃富）15毫升+3.4%赤·吲乙·芸晶体（碧护）3克对16升水喷施。

④每667米^{2}用55%螯合氨基酸水剂（益施帮）25毫升对水16升喷施。

⑤每667米^{2}用12%腐植酸500毫升滴灌或冲施。

（3）草莓上慎用三环锡类杀虫剂。谨慎使用多种药剂混配。如有必

要应先小范围试用，确认安全后再扩大使用范围。

（4）对于由有害气体熏蒸产生的药害，应充分散放有害气体，扣棚后注意及时放风、透气。

土壤消毒熏蒸药害

土壤熏蒸消毒后没有充分晾晒，释放的有毒气体使植株产生叶脉褪绿黄化与叶片同色，如图218，或发生轻时生长点和新叶黄化褪绿，如图219，发生重时整株褪绿白化，如图220，可见清晰绿色叶脉，常点片发生。严重抑制了植株生长甚至导致死亡。

图218　叶脉褪绿黄化与叶片同色

图219　生长点和新叶黄化

图220　整株褪绿白化

【药害原因】

草莓是多年生草本植物，对不同品种、不同成分农药敏感性不同。生产中有人认为使用的农药越多，对病虫害防治效果就越好，或一次性掺入多种农药可以对许多种病虫害可一次性防治住。其实不然，病虫害的发生流行与季节、气候、菌源、虫源等都有关系，有一定的规律性，并不是所有病虫害会一起发生。应掌握病虫害发生的规律，针对其特点进行预防与救治。草莓对农药的耐性有限，尤其是苗期更应该严格掌握农药使用浓度和药液量，机械化喷施需要严格计算药量和行进速度与着药量的相关性，并使雾滴均匀。不同的农药在草莓上的使用剂量是经过科研部门严格试验示范后确定的，施用时应尽量遵守农药包装袋上推荐使用的安全剂量。选择农药品种时，应选择对路农药切勿贪图便宜。

【救治方法】参考"施药不当药害"一节。

五、草莓肥害的诊断与救治

【症状及原因分析】设施栽培条件下种植草莓，需要施入大量的底肥。但是人们往往偏好使用化肥，而忽视了使用有机肥，或常常把干鸡粪等未充分腐熟的有机肥施到地里，或不重视底肥等秧苗定植时再追肥。这些都会造成根系羸弱，导致整个植株生长发育受抑制，叶片因营养不足而脱肥黄化，如图221。有些叶面肥、冲施肥浓度过高刺激作物产生急性褪绿性白化，如图222。使用激素类物质时剂量的任意加大会增加肥害的风险，有时肥害是由于肥液中加入激素后产生的药害，表现为叶片僵化、褪绿变脆、扭曲畸形，如图223。

图221　未腐熟的有机肥造成的烧根、叶片枯干症

图222　浓度过高的肥液造成草莓急性褪绿性白化

图223　喷施含有激素的叶面肥造成的叶片僵化、褪绿

【救治方法】棚室栽培的草莓，定植后一定注意通风透气。同时，施入的底肥一定要腐熟、深施，不要露出地表，以免产生氨气对叶片熏蒸而造成肥害。育苗营养土的配制，应严格准确计算磷酸二铵的用量，不能估计用量，或尽量不用化肥作营养土的肥源，加够腐熟好的有机肥配制即可（可参照土壤盐渍化改良配方操作）。严格控制叶面肥喷施剂量，冬季昼短夜长时段，喷施叶面肥的剂量应该是春季旺盛生长季节的1/2 ~ 2/3。做到合理施肥，配方、准确施肥。夏季或高温季节追施化肥时，应尽量沟施、覆土，避开中午时段操作。傍晚施肥后及时浇水、通风。有现代设施的棚室一定要采用滴灌水肥药一体化技术，可有效避免高温烧叶、肥水不均等状况发生。

六、草莓虫害与防治

蚜　虫

【为害状】主要为害嫩叶和生长点，多在草莓叶背面为害，如图224，致使植株变黄、萎缩，幼叶畸形、卷曲。

【发生规律】蚜虫一年繁衍10代以上，以卵在越冬寄主上或以若蚜在温室绿色植物上越冬，周年为害。6℃以上蚜虫就可以活动为害。繁殖适宜温度是16～20℃。春、秋季10天左右完成一个世代，夏季4～5天完成一

图224　蚜虫在草莓叶背面为害

代。每头雌蚜产若蚜60头以上，繁殖速度非常快，温度高于25℃时高湿环境下不利于为害。蚜虫对银灰色有趋避性，有强烈的趋黄性。

【防治技术】

生态防治：应及时清除棚室周围的杂草。经常查看作物上有无蚜虫，随有即防，将蚜虫控制在零星发生阶段。

（1）铺设银灰膜驱避蚜虫：利用蚜虫对银灰色的趋避性，在栽培草莓的畦垄上铺设银灰膜。

（2）黄板诱蚜：就地取简易板材，用黄漆刷板，再涂上机油并吊至棚中，每30～50米2挂1块。

（3）设置防虫网：棚室放风口和出入门加设40目*1防虫网，以防外部蚜虫迁入为害。

（4）释放天敌：保护地栽培可以放养丽蚜小蜂防治蚜虫。

药剂防治：一般药剂杀虫仅仅在育苗圃中采用，或在定植前10天喷施防治蚜虫的药剂。一旦扣上棚膜，为了保护授粉蜜蜂，草莓上基本

---

*　目为非法定计量单位，40目孔径为420微米，60目孔径为250微米。

不再喷施杀虫剂，而是采取其他防蚜措施。育苗圃可选用25％噻虫嗪水分散粒剂4 000 ～ 6 000 倍液、1％印楝素水剂800 倍液、2.5％高效氯氟氰菊酯（功夫）水剂1 500 倍液、10％吡虫啉可湿性粉剂1 000 倍液喷施。

提示：设施草莓应在扣棚膜4 ～ 7天前使用杀虫剂，扣棚膜之后会殃及蜜蜂，影响授粉。

白粉虱

【为害状】成虫或若虫群集嫩叶背面刺吸汁液，如图225，使叶片褪绿变黄，由于刺吸造成汁液外溢又诱发落在叶面上的杂菌形成霉斑，严重时霉层覆盖整个叶面及植株上，如图226。煤污病即是因白粉虱刺吸汁液诱发叶片霉层而产生的病症。

图225　白粉虱成虫或若虫群集嫩叶背面刺吸汁液

图226　白粉虱刺吸汁液外溢严重时霉层覆盖叶面

【防治技术】

生态防治：设施栽培草莓，应在棚室入口处和风口处设置40目防虫网，阻止白粉虱飞入为害。这对于育苗棚室非常重要。设置黄板诱杀，每667米²吊挂30块黄板于棚室内，黄板距植株高度以80 ～ 100厘米为宜。

药剂防治：在移栽前2 ～ 3天，可采用穴灌施药（灌窝、灌根）法，即用强内吸杀虫剂25％噻虫嗪水分散粒剂1 500 ～ 2 500 倍液（1喷雾器水加6 ～ 8 克药）喷淋幼苗，平均每平方米苗床喷药液1升左右，使药液除叶片以外还要渗透到土壤中。此法持续有效期可达20 ～ 30天，有很好的防治粉虱和蚜虫的效果。也可用10％吡虫啉可湿性粉剂800 ～ 1 000 倍液与2.5％联苯菊酯乳油2 000 倍液混用，或10％ 吡虫啉

1 000 倍液、1.8%阿维菌素乳油2 000 倍液喷雾防治。

螨　　类

【为害状】螨类为害草莓，成螨、幼螨集中在幼嫩叶片背面刺吸汁液，如图227，尤其是还未展开的芽、幼叶、花蕾是其主要为害部位。草莓生长点受害，不能正常生长；被刺吸叶片则呈现沙眼状失绿，如图228。发生严重时植株矮小，生长部位被吸干枯死。

图227　二斑叶螨在草莓叶背面为害　　图228　被刺吸叶片呈现沙眼状失绿

【防治技术】铲除越冬棚室周围的杂草，彻底清除枯枝落叶集中烧毁或深埋，以切断虫源。加强肥水管理，重点防止干旱，可减轻螨类为害。

螨类生活周期较短，繁殖力强，应注意早期防治。可选用1.8%阿维菌素水剂2 000 ～ 3 000 倍液，或20%哒螨灵乳油1 500 倍液、73%炔螨特乳油2 000 倍液、20%丁氟螨酯悬浮剂2 000 倍液喷施。

棉铃虫和烟青虫

【为害状】棉铃虫和烟青虫幼虫蛀食草莓花、幼蕾，如图229，致使落花、落蕾，果实皮腐，失去商品价值。

【发生规律】棉铃虫食性很杂，除了为害棉花、玉米、小麦等大田作物之外，也能为害草莓及豆类、瓜类、茄果类蔬菜等。以幼虫蛀食叶片和果实。

图229　幼虫啃食草莓花蕾

棉铃虫越冬一代幼虫为害促成草莓后期的花序和果实。露地6月中下旬夏秋季生长期发生。越夏露地种植的草莓和设施栽培的秋季、秋延后草莓定植时会在10月初遭受四代棉铃虫幼虫为害。定植后的促成草莓会在初花期的9～10月遭受四代棉铃虫或烟青虫幼虫为害。卵期、低龄幼虫期是防控有利时机。

棉铃虫成虫具有趋光性、趋化性，所以利用黑光灯、糖醋液和杨树枝把可以诱杀。

棉铃虫的卵为散产，幼虫孵出后，有取食卵壳的习性，所以卵期喷施只有胃毒作用的药剂，例如苏云金芽孢杆菌制剂，也能起到杀虫作用。

棉铃虫幼虫孵化后到二龄一直在作物表面取食和爬行，二龄后期钻蛀。所以在钻蛀之前进行喷药防治能收到更好的效果。

棉铃虫在我国广泛分布，由北向南1年发生3～7代，在辽宁、河北北部、内蒙古、新疆等地1年发生3代，华北4代，长江以南5～6代，云南7代。在华北地区，第一代幼虫为害期为5月下旬至6月下旬，第二代在6月下旬至7月，第三代在8～9月，第四代在9月至10月上、中旬。可见，棉铃虫各代在中后期发生世代不整齐，在同一时间往往可见到各种虫态。因此，各种蔬菜只要生育期适合（花、蕾、果），都会受到棉铃虫为害。

【识别特征】棉铃虫成虫为中型蛾子，体长15～20毫米，翅展31～40毫米，前翅灰褐或灰绿色，中前部有一对肾形斑和一对环形斑。卵呈馒头形，有纵隆纹，初产时乳白色，逐渐变黄，变黑后孵出幼虫。初孵幼虫个体很小，黑色，经过4～5次蜕皮后，最大时体长40～50毫米。棉铃虫幼虫长大后因为食物等原因，体色可呈不同类型，或全绿色，或淡红色、褐色等，但体背和体侧都带有不同颜色纵纹。

【防治技术】

生态防治：（1）农事措施：结合田间管理，及时整枝打杈，把嫩叶、嫩枝上的卵及幼虫一起带出田外烧毁或深埋；结合采收，摘除虫果集中处理，可减少田间卵量和幼虫量。

（2）诱杀成虫：使用诱虫灯、杨树枝把、糖醋液诱杀成虫可减少田间虫源。

（3）生物防治：在卵高峰时每667米²用16 000单位／毫克苏云金

芽孢杆菌(Bt)可湿性粉剂300克对水喷雾。在棉铃虫产卵始、盛、末期释放赤眼蜂，每667米²放蜂1.5万头，每次放蜂间隔3～5天，连续放3～4次。

药剂防治：虫卵高峰3～4天后，可选用20%高效氯氟氰菊酯·氯虫苯甲酰胺（福奇）悬浮剂1 500倍液、30%噻虫嗪·氯虫苯甲酰胺（度锐）悬浮剂3 000倍液、40%噻虫嗪·氯虫苯甲酰胺（福戈）水分散粒剂3 000倍液、5%虱螨脲（美除）乳油1 000～1 500倍液、5%氯虫苯甲酰胺（普尊）乳油1 500倍液、2.5%高效氯氰菊酯（绿色功夫）水剂1 000倍液喷施。应严格遵守药剂安全间隔期，保证果品质量安全。

蓟　马

【为害状】蓟马主要为害草莓的嫩叶、生长点和花，如图230，锉吸汁液致叶脉周围呈白点状，严重为害后叶片上的白点穿孔，导致叶片早衰，功能减退，新叶停止生长、畸形、变厚僵脆，疑似病毒病。蓟马为害草莓花主要在花内活动，致使花器过早凋谢。露地草莓田间蓟马为害多于设施栽培田。

图230　蓟马为害状（陈海明提供图片）

【为害习性】蓟马以成虫和若虫锉吸嫩梢、嫩叶和花、果的汁液。一年发生8～18代不等，在南方因气候温暖繁衍迅速；在北方则繁衍稍慢。成虫在土壤中羽化，出土后向上爬行至植株幼嫩部位为害，移动较快可以跳跃移动，有较强的趋光性和趋蓝色特性。在南方四季均可为害，在北方以夏秋季为害严重。

【防治】

生态防治：(1)蓝板诱杀：清除田间杂草，利用成虫趋蓝色性，设置蓝板诱杀成虫。即每667米²吊挂15厘米×20厘米的蓝板20块，如图231。

(2)释放天敌：引进天敌，如草蛉、小花蝽等释放于设施棚室内，

图231　吊挂蓝板诱杀蓟马

每4延长米放置1块天敌释放卡，或根据使用说明释放。

药剂防治：定植前后每667米^{2}用35%噻虫嗪(锐胜)悬浮剂20～30毫升对水45升随定植水一起淋灌秧苗，或在移栽前2～3天用35%噻虫嗪(锐胜)悬浮剂10～15毫升对水20升淋灌350～380株秧苗，使药液除叶片以外还要渗透到土壤中，持续有效期可达30～40天，还有很好的防治粉虱类和蚜虫的效果。

还可选用60%乙基多杀霉素(爱绿士)悬浮剂1 500倍液、50%氟啶胺腈(可立施)可分散粒剂3 000～4 000倍液、24.4%螺虫乙酯(亩旺特)悬浮剂1 500倍液、24.7%噻虫嗪·高效氯氟氰菊酯(阿立卡)微囊悬浮悬浮剂1 200倍液、25%噻虫嗪(阿克泰)水分散粒剂2 000倍液喷施或淋灌，15天1次。应严格遵守药剂安全间隔期，保证果品质量安全。

蛞　蝓

【为害状】以幼体(图232)刮食成熟的草莓果实，造成坑状缺刻，如图233；或环果面刮食成缺刻，如图234。每次刮食草莓果实后，都会在果实上留有体液或排泄的粪便，如图235，污染果实，导致果实腐烂。

【为害习性】蛞蝓软体无壳，体暗灰色，或黄白色，喜阴湿。一年发生2～6代。以成体或幼体在作物根部潮湿的土壤中越冬，翌年春季

图233　蛞蝓刮食草莓果成坑状缺刻

图232　蛞蝓幼体

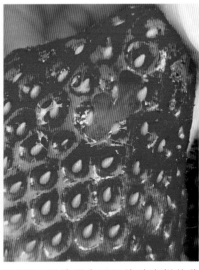

图234　蛞蝓环果面刮食草莓成缺刻

图235　蛞蝓刮食后污染致腐烂的草莓果

为害。冬季温室蔬菜给蛞蝓越冬提供了良好的生存环境，在北方设施蔬菜生产中已经成为不可忽视的问题。蛞蝓日隐夜出，喜阴暗潮湿环境。

高温干旱和积水会使其生存受到抑制或可致死。

【防治技术】

生态防治：铲除越冬棚室周围的田间杂草，彻底清除枯枝落叶，以切断蛞蝓的生存越冬环境场所。中耕、及时排除积水、秋冬季深翻土地晾垡可以除灭越冬蛞蝓。地膜覆盖栽培方式可以有效抑制蛞蝓发生。田边撒施生石灰可阻断蛞蝓进入种植区。

药剂防治：每667米^{2}用6%四聚乙醛颗粒剂465～665克混入细沙10千克，均匀撒施在蛞蝓经常出没的地方。清晨可用8%四聚乙醛颗粒剂800～1000倍液喷施。

有害瓢虫

【为害状】在害虫较少、瓢虫数量较多的情况下，瓢虫也会啃食植株叶片，如图236。在南方露地栽培的草莓多有被害，北方促成草莓目前仅在露地育苗田中偶有发现，还没有构成危害。瓢虫成虫和幼虫啃食叶肉，残留上表皮呈网状，图237。

图236 龟纹瓢虫为害草莓叶片　　图237 多异瓢虫为害草莓叶片

【防治技术】（1）利用假死性，人工捕捉。收集卵块，集中处理。

（2）当瓢虫大量发生对草莓正常生长产生影响时，可用2.5%高效氯氟氰菊酯水剂1000倍液，或30%噻虫嗪·氯虫苯甲酰胺（度锐）悬浮剂3000倍液、40%噻虫嗪·氯虫苯甲酰胺（福戈）水分散粒剂3000

倍液喷施，控制为害。

鼠　　害

【为害状】草莓幼果被咬嗑出深浅不一的褐色洞状小坑，周围有啃嗑掉下的果屑，如图238，有轻微啃食的不腐烂。成熟果实被啃嗑易发生腐烂，如图239。

图238　幼果被咬嗑产生深浅不一的褐　图239　成熟果被啃嗑产生洞状褐色小
　　　　色洞状小坑及果屑　　　　　　　　　　坑并腐烂

【为害习性】北方越冬温室常常是鼠类生存繁殖的最佳场所。温暖的设施棚室和草莓果实为幼鼠提供了最好的生存环境和食物。其尖利的牙齿啃嗑幼果扎下无数坑洞，并留下啃嗑后的果屑，发现这些现象后可进一步查看并确认鼠类的为害。

【防治技术】（1）人工捕捉。在鼠类经常出没处设置鼠夹。

（2）熏烟并封堵鼠类出没的洞口，或放水冲垮鼠类栖息的洞穴。

七、不同栽培方式下草莓一生病害防治大处方、小处方

（一）草莓一生病害防控大处方（一大茬技术方案，设施促成栽培9月至翌年5月）

"四灌三喷"法操作方案：

第一步：秧苗移栽前1～2天，用25%嘧菌酯悬浮剂10毫升+6.25%精甲霜灵·咯菌腈悬浮剂20毫升+56%螯合氨基酸阿速勃沃土20毫升对水16升喷淋根部或草莓阳畦，3天后可以移栽下地。

第二步：定植田药剂处理：每667米^{2}用10亿个芽孢/克枯草芽孢杆菌可湿性粉剂1千克对做好的定植沟撒药土处理。

第三步：定植后1周左右对草莓根部施用药剂防控。即每667米^{2}用25%嘧菌酯悬浮剂50毫升+6.25%精甲霜灵·咯菌腈100毫升+56%螯合氨基酸根（阿速勃根）500毫升滴灌或淋根（此步主要防止移栽后死秧，为缓苗提供保障，最大限度减少补苗次数和棵数）。

第四步：完成上述操作后的20～30天，每667米^{2}用25%嘧菌酯悬浮剂150毫升滴灌或淋根（此步主要防控草莓花期灰霉病、白粉病，保障草莓花蕾大、果壮）。

第五步：完成第四步操作后的30天，每667米^{2}用42.4%氟唑菌酰胺·吡唑醚菌酯悬浮剂100毫升+55%氨基酸硅(途保康)100毫升滴灌或淋根（此步是在草莓结果期对白粉病、灰霉病的深度防控，保障转色草莓果实干净和植株健康）。

第六步：第一茬果实收获后结合冲施腐植酸肥液，每667米^{2}用25%嘧菌酯悬浮剂200毫升+56%螯合氨基酸果（阿速勃果）500毫升滴灌或淋根（草莓结果期营养转移后为植株易感病阶段，此步主要防控白粉病暴发和保障后续果实充分体现品种的优异性状）。

第七步：在草莓采摘期，可以着重喷施针对白粉病和补充叶面营养的药剂和氨基酸液肥。如：喷施32%吡唑萘菌胺·嘧菌酯悬浮剂1200倍液和55%氨基酸硅（途保康）10毫升对16升水喷施。

针对易感灰霉病的品种，可以选用50%嘧菌环胺水分散粒剂1200

倍液、50%啶酰菌胺可湿性粉剂 1 000 倍液喷施。

（二）秧苗定植前浸根处理

种苗移栽前药剂浸根消毒：25%嘧菌酯（阿米西达）悬浮剂 10 毫升 +6.25%精甲霜灵·咯菌腈悬浮剂 20 毫升 +47%春雷·王铜可湿性粉剂 30 克 +56%螯合氨基酸阿速勃根水剂 25 毫升对水 16 升，浸根 5 ~ 8 分钟或带土秧苗定植前淋根。

（三）针对草莓立枯病菌、根腐病菌的土壤消毒

清除病株和土壤中病残体一并烧毁并采用高垄栽培，针对真菌性、细菌性土传病害每 667 米^{2}沟施或喷施 6.25%精甲霜灵·咯菌腈悬浮剂 300 毫升 +47%春雷·王铜可湿性粉剂 500 克封杀病原菌。

（四）草莓育苗田绿色防控方案

（1）每立方米阳畦土混 6.25%精甲霜灵·咯菌腈 200 克，拌匀后撒施于育苗田表面，移栽繁殖苗后喷施 10 亿个芽孢/克枯草芽孢杆菌 200 倍液促其抗病生根。

（2）育苗田移栽前 7 ~ 10 天，用 25%嘧菌酯悬浮剂 10 毫升 +56%螯合氨基酸阿速勃根水剂 25 毫升对水 16 升喷施或淋根。

（3）完成上述操作后的 20 ~ 25 天，用 42.4%氟唑菌酰胺·吡唑醚菌酯（健达）悬浮剂 10 毫升 +56%螯合氨基酸阿速勃叶水剂 25 毫升对水 16 升淋根式喷施，持效期 30 天（主防炭疽病、褐斑病和烂根）。

（4）30 天后，用 30%丙环唑乳油 3 000 倍液 +56%螯合氨基酸阿速勃叶水剂 20 毫升喷施或淋根（主防炭疽病，促侧枝，抗热，促扎根）。

（5）上步完成后 20 ~ 30 天，每 667 米^{2}用 25%嘧菌酯（阿米西达）悬浮剂 50 毫升 +56%螯合氨基酸阿速勃根水剂 500 毫升淋根或冲施。

（6）选用 32.5%嘧菌酯·苯醚甲环唑悬浮剂 1 200 倍液，或 42.5%氟唑菌酰胺·吡唑醚菌酯（健达）悬浮剂 1 500 倍液，酌情掌握秧苗的健康情况喷施，直至移栽。

（五）草莓缺钾补救方案

草莓缺钾直接影响产量和品质。造成缺钾的主要原因是土壤盐渍

化、土壤板结及氮素过剩。

(1) 草莓缺钾时应首先关注土壤中根系的生存状况，增加土壤有机微生物的含量，增加土壤的通透性，让更多因氮、磷元素过剩被固定的钾元素释放出来。补钾应该首先施入生物钾肥。

(2) 首先施入具有均衡吸收特点的腐植酸生物菌肥，才能较快缓解缺钾症状，改善果品质量，提高果实甜度。补充钾肥的同时还需要补充铁元素，缺钾的同时也影响了植株中铁的输送和对铁的吸收。每667米^{2}用2亿个芽孢/克枯草芽孢杆菌水剂3升+12%腐植酸250毫升混后施用，可以一并解决缺钾和铁吸收输送障碍的问题。

(3) 上步完成后，每667米^{2}可用56%螯合氨基酸钾镁水剂（阿速勃钾镁）1升滴灌或冲施补充速效钾。

（六）缓解药害技术方案

(1) 3.4%赤·吲乙·芸晶体（碧护）5 000倍液喷施。

(2) 56%螯合氨基酸阿速勃叶水剂800倍液滴灌或喷施、淋灌。

(3) 55%氨基酸螯合镁钙（爱沃富）水剂15毫升+3.4%赤·吲乙·芸晶体（碧护）3克对16升水（1喷雾器）喷施，每667米^{2}喷施3喷雾器药液。

(4) 55%螯合氨基酸（益施帮）水剂25毫升对16升水喷施，每667米^{2}喷3喷雾器药液。

(5) 每667米^{2}用12%腐植酸水剂500毫升滴灌或冲施。

（七）抗寒、缓解寒害技术方案

(1) 下雪时，没有覆盖棉被的棚室，应尽早清扫棚膜上的积雪。有条件的可以用温水清除棚膜上面的灰尘、污物，增加棚室内的日照，提高棚温。

(2) 增加覆盖物：在大棚内套二膜或架设小拱棚并加盖草帘。大棚外膜上加草苫围帘或玉米秸，可增温1～2℃。

(3) 在原来的棉被或草苫上面再加一层薄苫或棚膜，压严风口和棚前围挡处，可使棚温提高2～3℃。在原来的草苫上覆盖一层薄膜，不仅可以挡风保温，还能防止雨雪打湿而冻硬草苫，避免拉苫故障造成的棚内降温冷害。

（4）有条件的园区可以开通暖风机、空调、暖气片等加温设备增温，或温室内增设火炉或电暖气、电热炉增温保苗。

（5）使用足功率的植物灯补光，在补光的同时还可以提高棚温约2.5℃。在充足光照下，光合作用良好，植株健壮，可以提高耐寒性。

（6）棚内凌晨4～5时点燃增温燃烧块，每3～5延长米点燃一块，或在棚前后各每1～1.5米点燃一支蜡烛，在清晨最寒冷的时间对防冻伤有较好的作用。

（7）施叶面肥，可增加叶肉含糖量及硬度，提高植株抗寒性，缓解冻害。

（8）极寒冷天气条件下，应严格控制浇水，通风时要短时放湿气、使棚室尽快升温。可以采用浅中耕破湿土的办法控制水分蒸腾和促进植株根部保温。保温防寒时段不提倡冲施水溶性肥料，必须追肥时，建议施用生物氨基酸液肥（每667米^{2}用56%螯合氨基酸阿速勃根500毫升），或生物钾肥、腐植酸补充营养。棚内定期施放二氧化碳。

（9）在极度寒冷天气到来之前，可迅速喷施56%螯合氨基酸阿速勃必腾叶水剂300倍液，或55%氨基酸硅（途保康）水剂400倍液、12%腐植酸（伊万腐植酸）水剂500倍液、55%螯合氨基酸（益施帮）水剂400倍液、3.4%赤·吲乙·芸晶体（碧护）5 000倍液等。

（八）田间肥害缓解处方

轻度：黄化、叶缘褐色枯干。

解救措施：

（1）每667米^{2}用腐菌酵素4千克冲施，改善根系生存环境和土壤微生物活性；55%螯合氨基酸（益施帮）25毫升对16升水喷施。

（2）每667米^{2}用56%螯合氨基酸阿速勃沃土500毫升＋必腾根700毫升冲施；用56%螯合氨基酸阿速勃叶25毫升对16升水喷施。

中度：根系褐色，植株生长受到抑制，叶片叶缘脱水性枯干、有皱缩、畸形。

解救措施：

（1）每667米^{2}用56%螯合氨基酸阿速勃沃土水剂冲施，5天后可以再施一次；每667米^{2}用56%螯合氨基酸阿速勃根水剂600～1 000毫升冲施，或阿速勃钙镁25毫升对水16升（1喷雾器水）喷施。

（2）每667米^{2}冲施5.5%腐植酸·氨基酸胶体溶液（根罗）2千克；用23%氨基酸（甘美）50毫升对16升水喷施。

（3）每667米^{2}用56%螯合氨基酸阿速勃沃土500毫升冲施，5天后再施一次螯合氨基酸阿速勃根；也可用螯合氨基酸爱沃富10毫升或螯合氨基酸益施帮25毫升对16升（1喷雾器）水喷施。

重度：植株明显矮化，叶片畸形、褪绿黄化或烧灼白化、大面积枯干等。

解救措施：

（1）每667米^{2}用腐菌酵素4千克冲施，可快速缓解因农家肥不腐熟造成的烧苗和滞长，7天后视缓解情况再用56%螯合氨基酸阿速勃根500毫升小水冲施；也可用56%螯合氨基酸阿速勃叶20毫升+腐植酸40毫升对16升（1喷雾器）水喷施。

（2）每667米^{2}用腐菌酵素4千克+根罗2千克随水冲施；也可用甘美50毫升对16升水喷施。

（3）每667米^{2}用生物菌剂根真多5千克冲施；也可用56%螯合氨基酸阿速勃叶水剂20毫升或绿得钙20毫升对16升（1喷雾器）水喷施。

八、草莓主要病虫害防治历

月份	易发病虫害	防治措施	栽培方式	防治用药
1	土传病害根腐病灰霉病	土壤滴灌喷施用药	促成式栽培、越冬栽培	10亿个芽孢/克枯草芽孢杆菌可湿性粉剂500倍液沟施
				50%多菌灵·乙霉威可湿性粉剂800倍液、50%啶酰菌胺可湿性粉剂1 000倍液、40%醚霉环胺水分散粒剂1 200倍液、90%咯菌腈可湿性粉剂3 000倍液、40%嘧霉胺悬浮剂1 200倍液、50%异菌脲可湿性粉剂600倍液
	白粉病			10%苯醚甲环唑水分散粒剂1 000倍液、32%吡唑萘菌胺·嘧菌酯悬浮剂1 200倍液、42.4%氟唑菌酰胺·吡唑醚菌酯悬浮剂1 500倍液、42.8%氟吡菌酰胺·肟菌酯悬浮剂1 500倍液、75%百菌清可湿性粉剂600倍液
	寒害	保暖、除湿、喷施	越冬促成栽培、春季育苗	喷施抗寒剂56%螯合氨基酸（必腾叶）水乳剂800倍液、55%氨基酸硅（途保康）水剂400倍液、55%螯合氨基酸（爱沃富）水剂400倍液、55%螯合氨基酸（益施帮）水剂400倍液
2	灰霉病	喷花及其他部位	越冬设施栽培	50%多菌灵·乙霉威可湿性粉剂800倍液、50%啶酰菌胺可湿性粉剂1 000倍液、40%醚霉环胺水分散粒剂1 200倍液、90%咯菌腈可湿性粉剂3 000倍液、40%嘧霉胺悬浮剂1 200倍液、50%异菌脲可湿性粉剂600倍液、50%噻菌灵悬浮剂800倍液
	根腐、沤根	浸苗盘，土壤表层药剂处理，药剂淋灌	早春育苗、越冬栽培	80%苯并咪唑可湿性粉剂600倍液、10亿个芽孢/克枯草芽孢杆菌可湿性粉剂500倍液

月份	易发病虫害	防治措施	栽培方式	防治用药
2	寒害	降湿，苗期预防为主	越冬设施栽培、早春设施栽培	喷施抗寒剂56%螯合氨基酸水乳剂（必腾叶）800倍液，或55%氨基酸硅（途保康）400倍液、55%螯合氨基酸水剂（爱沃富）400倍液、55%螯合氨基酸水剂（益施帮）400倍液
	灰霉病			50%多菌灵·乙霉威可湿性粉剂800倍液、50%啶酰菌胺可湿性粉剂1000倍液、40%醚霉环胺水分散粒剂1200倍液、90%咯菌腈可湿性粉剂3000倍液、40%嘧霉胺悬浮剂1200倍液、50%异菌脲可湿性粉剂600倍液、50%噻菌灵悬浮剂800倍液
3	灰霉病、蛇眼病、芽枯病、粉虱	灌根，喷雾，清除杂草，加防虫网早期预防，实施整体方案，喷施用药	越冬栽培、春季栽培、越冬设施栽培、春季设施栽培	50%多菌灵·乙霉威可湿性粉剂800倍液、50%啶酰菌胺可湿性粉剂1000倍液、40%醚霉环胺水分散粒剂1200倍液、90%咯菌腈可湿性粉剂3000倍液、40%嘧霉胺悬浮剂1200倍液、50%异菌脲可湿性粉剂600倍液、50%噻菌灵悬浮剂800倍液
4	褐斑病、白粉病	喷施	春季栽培、越冬栽培、冷拱棚	10%苯醚甲环唑水分散粒剂1000倍液、32%吡唑萘菌胺·嘧菌酯悬浮剂1200倍液、42.4%氟唑菌酰胺·吡唑醚菌酯悬浮剂1500倍液、42.8%氟吡菌酰胺·肟菌酯悬浮剂1500倍液、75%百菌清可湿性粉剂600倍液
	病毒病 枯萎病	喷施		10%吗啉胍可湿性粉剂300倍液
				10亿个芽孢/克枯草芽孢杆菌可湿性粉剂500倍液
5	褐斑病、白粉病	喷施	春季栽培、越冬栽培、冷拱棚	10%苯醚甲环唑水分散粒剂1000倍液、32%吡唑萘菌胺·嘧菌酯悬浮剂1200倍液、42.4%氟唑菌酰胺·吡唑醚菌酯悬浮剂1500倍液、42.8%氟吡菌酰胺·肟菌酯悬浮剂1500倍液、75%百菌清可湿性粉剂600倍液
	病毒病 枯萎病	喷施 灌根、滴灌		10%吗啉胍可湿性粉剂300倍液、5%氨基寡糖素水剂300倍液
				10亿个芽孢/克枯草芽孢杆菌可湿性粉剂500倍液

月份	易发病虫害	防治措施	栽培方式	防治用药
6	蛇眼病、白粉病	喷施	春季栽培、大拱棚栽培、露地栽培	10%苯醚甲环唑水分散粒剂1 000倍液、32%吡唑萘菌胺·嘧菌酯悬浮剂1 200倍液、42.4%氟唑菌酰胺·吡唑醚菌酯悬浮剂1 500倍液、42.8%氟吡菌酰胺·肟菌酯悬浮剂1 500倍液、75%百菌清可湿性粉剂600倍液
	病毒病	拔除	大拱棚栽培露地	
	枯萎病、根腐病	土壤消毒、高温闷棚	大棚栽培露地栽培	
7	蛇眼病、褐斑病	喷施、淋灌、浸盘	种苗繁殖、露地栽培	25%嘧菌酯悬浮剂1 500倍液、10%苯醚甲环唑水分散粒剂800倍液、80%代森锰锌可湿性粉剂600倍液、70%代森锌干悬浮剂800倍液
8	蛇眼病、褐斑病	淋灌、喷施	种苗繁殖	25%嘧菌酯悬浮剂1 500倍液、10%苯醚甲环唑水分散粒剂800倍液、80%代森锰锌可湿性粉剂600倍液、70%代森锌干悬浮剂800倍液
9	蛇眼病、褐斑病	喷施	设施种苗移栽、秋季栽培	25%嘧菌酯悬浮剂1 500倍液、10%苯醚甲环唑水分散粒剂800倍液、80%代森锰锌可湿性粉剂600倍液、70%代森锌干悬浮剂800倍液
	蚜虫、白粉虱	灌根		35%噻虫嗪悬浮剂3 000倍液、10%吡虫啉水分散粒剂1 000倍液
	棉铃虫等夜蛾类害虫	喷施		5%氯虫苯甲酰胺乳油3 000倍液、30%噻虫嗪·氯虫苯甲酰胺悬浮剂3 000倍液
10	白粉病	喷施	秋季栽培、秋延后大棚	10%苯醚甲环唑水分散粒剂1 000倍液、32%吡唑萘菌胺·嘧菌酯悬浮剂1 200倍液、42.4%氟唑菌酰胺·吡唑醚菌酯悬浮剂1 500倍液、42.8%氟吡菌酰胺·肟菌酯悬浮剂1 500倍液、75%百菌清可湿性粉剂600倍液
	白粉虱、蚜虫	喷施	扣棚前用药	1.8%阿维菌素水剂2 000倍液、35%噻虫嗪悬浮剂3 000倍液、10%吡虫啉水分散粒剂1 000倍液

月份	易发病虫害	防治措施	栽培方式	防治用药
11	白粉病	喷施	越冬设施移栽	10%苯醚甲环唑水分散粒剂1 000倍液、32%吡唑萘菌胺·嘧菌酯悬浮剂1 200倍液、42.4%氟唑菌酰胺·吡唑醚菌酯悬浮剂1 500倍液、42.8%氟吡菌酰胺·肟菌酯悬浮剂1 500倍液、75%百菌清可湿性粉剂600倍液
12	灰霉病	喷施	越冬设施移栽	45%多菌灵·乙霉威可湿性粉剂800倍液、50%啶酰菌胺可湿性粉剂1 000倍液、40%醚霉环胺水分散粒剂1 200倍液、90%咯菌腈可湿性粉剂3 000倍液
	寒害	保温、驱湿、喷药		98%螯合氨基酸水乳剂（必腾叶）800倍液、氨基酸硅（途保康）400倍液、40%螯合氨基酸水剂（爱沃富）400倍液、55%螯合氨基酸水剂（益施帮）400倍液

九、常用农药通用名称与商品名称对照表

作用类型	商品名称	通用名称	剂　型	含量（%）	主要生产厂家
杀菌剂	金雷	精甲霜灵·锰锌	水分散粒剂	68	先正达公司
杀菌剂	瑞凡	双炔菌酰胺	悬浮剂	25	先正达公司
杀菌剂	银法利	氟吡菌胺·霜霉威盐酸盐	水剂	68.75	拜耳公司
杀菌剂	世高	苯醚甲环唑	水分散粒剂	10	先正达公司
杀菌剂	适乐时	咯菌腈	悬浮剂	2.5	先正达公司
杀菌剂	好迪施	百菌清	可湿性粉剂	75	先正达公司
杀菌剂	甲基托布津	甲基硫菌灵	可湿性粉剂	70	国内企业
杀菌剂	克抗灵	霜脲·锰锌	可湿性粉剂	72	河北科绿丰
杀菌剂	霜疫清	霜脲·锰锌	可湿性粉剂	72	国内企业
杀菌剂	杀毒矾	噁霜·锰锌	可湿性粉剂	64	先正达公司
杀菌剂	普力克	霜霉威	水剂	72.2	拜耳公司
杀菌剂	阿米西达	嘧菌酯	悬浮剂	25	先正达公司
杀菌剂	大生	代森锰锌	可湿性粉剂	80	陶杜公司
杀菌剂	阿米多彩	嘧菌酯·百菌清	悬浮剂	56	先正达公司
杀菌剂	农利灵	乙烯菌核利	干悬浮剂	50	巴斯夫公司
杀菌剂	多霉清	乙霉威·多菌灵	可湿性粉剂	50	保定化八厂
杀菌剂	利霉康	乙霉威·多菌灵	可湿性粉剂	50	河北科绿丰
杀菌剂	阿米妙收	苯醚甲环唑·醚菌酯	悬浮剂	32.5	先正达公司
杀菌剂	加瑞农	春雷·王铜	可湿性粉剂	47	江门植保科技
杀菌剂	噻唑锌	噻唑锌	可湿性粉剂	30	国企
杀菌剂	凯泽	啶酰菌胺	可湿性粉剂	50	巴斯夫公司
杀菌剂	阿克白	烯酰吗啉	可湿性粉剂	50	巴斯夫公司
杀菌剂	百泰	吡唑醚菌酯·代森联	水分散粒剂	65	巴斯夫公司
杀菌剂	克露	霜脲·锰锌	可湿性粉剂	72	陶杜公司
杀菌剂	绿妃	吡唑萘菌胺·嘧菌酯	悬浮剂	32.5	先正达公司
杀菌剂	露娜森	氟吡菌酰胺·肟菌酯	悬浮剂	42.8	拜耳公司
杀菌剂	健达	氟唑菌酰胺·吡唑醚菌酯	悬浮剂	42.4	巴斯夫公司
杀菌剂	增威赢绿	氟噻唑吡乙酮	可分散油悬浮剂	10%	富美实公司

作用类型	商品名称	通用名称	剂　型	含量（％）	主要生产厂家
杀菌剂	冠菌铜	琥珀酸铜	悬浮剂	30	国企
杀菌剂	加收米	春雷霉素	水剂	2	江门植保科技
病毒抑制剂	吗啉胍	吗啉胍·乙酸铜	可湿性粉剂	20	国企
病毒抑制剂	海岛素	氨基寡糖素	水剂	5	海南正业
杀菌剂	扑海因	异菌脲	可湿性粉剂	50	巴斯夫公司、国企
杀菌剂	NCD-2	枯草芽孢杆菌	可湿性粉剂	10亿芽孢/克	河北科绿丰
杀菌剂	噁霉灵	敌克松·多菌灵	可湿性粉剂	98	山东企业
生长调节剂	碧护	赤·吲乙·芸	晶体	3.4	北京成禾佳信
生长调节剂	碧益	赤霉酸	可湿性粉剂	0.136	江苏明德立达
杀菌剂	爱苗	丙环唑·苯醚甲环唑	乳油	25	先正达公司
杀菌剂	可杀得	氢氧化铜	可湿性粉剂	77	陶杜公司
杀菌剂	凯润	吡唑醚菌酯	乳油	25	巴斯夫公司
杀菌剂	品润	代森锌	干悬浮剂	70	巴斯夫公司
杀线剂	噻尊	噻唑磷	颗粒剂	10	三农农仕
杀线剂	施立清	噻唑磷	颗粒剂	10	河北威远
杀线剂	垄多喜	噻唑磷	颗粒剂	10	河北惠泽
杀虫剂	阿克泰	噻虫嗪	水分散粒剂	25	先正达公司
杀虫剂	锐胜	噻虫嗪	悬浮剂	35	先正达公司
杀虫剂	美除	虱螨脲	乳油	5	先正达公司
杀虫剂	四螨嗪	联苯菊酯	乳油	70	富美实公司、其他企业
杀虫剂	福利星	噻虫胺	悬浮剂	30	富美实公司
杀虫剂	护净	噻虫胺	悬浮剂	20	威远生化
杀虫剂	青岚	高效氯氟氰菊酯	水剂	5	威远生化
杀虫剂	吡虫啉	吡虫啉	可湿性粉剂、乳油	10	威远生化、江苏红太阳等
杀虫剂	虫螨克星	阿维菌素	乳油	1.8	威远生化

作用类型	商品名称	通用名称	剂　型	含量（%）	主要生产厂家
杀虫剂	帕力特	虫螨腈	悬浮剂	24	巴斯夫公司
杀虫剂	功夫	高效氯氟氰菊酯	水剂	2.5	先正达公司
杀虫剂	度锐	噻虫嗪·氯虫苯甲酰胺	悬浮剂	30	先正达公司
杀虫剂	福戈	噻虫嗪·氯虫苯甲酰胺	水分散剂	40	先正达公司
杀虫剂	艾绿士	乙基多杀霉素	水分散粒剂	48	陶杜公司
杀虫剂	倍内威	溴氰虫酰胺	可分散油悬浮剂	10	富美实公司
杀螨剂	金螨酯	丁氟螨酯	悬浮剂	20	富美实公司
杀虫剂	康宽	氯虫苯甲酰胺	水分散粒剂	20	富美实公司
杀虫剂	可立施	氟啶虫胺腈	水分散粒剂	50	陶氏公司

九、常用农药通用名称与商品名称对照表

无公害蔬菜病虫害防治实战丛书